数字孪生概念与应用

陈 根 编著

电子工业出版社
Publishing House of Electronics Industry
北京·BEIJING

内 容 简 介

本书对数字孪生技术在各行业的应用进行了深入的解析。概念篇对数字孪生的概念做了详细解析,包括数字孪生概念的发展、数字孪生的核心技术、数字孪生的价值及发展现状。应用篇对数字孪生技术在智慧制造、智慧交通、智慧城市、智慧建筑、智慧能源、智慧健康、智慧国防、智慧战争、航天航空和元宇宙十个领域的应用进行了案例分析,案例均来自国内外最新的数字孪生应用。未来篇对数字孪生进行了展望,包括数字孪生技术的发展趋势、标准化问题、通用性问题及需要面对的现实挑战,并描述了即将出现的数字孪生地球。

未经许可,不得以任何方式复制或抄袭本书之部分或全部内容。
版权所有,侵权必究。

图书在版编目(CIP)数据

数字孪生概念与应用 / 陈根编著 . —北京:电子工业出版社,2024.6
ISBN 978-7-121-46478-2

Ⅰ. ①数… Ⅱ. ①陈… Ⅲ. ①数字技术 – 介绍 Ⅳ. ① TP3

中国国家版本馆 CIP 数据核字(2023)第 189916 号

责任编辑:秦　聪
印　　刷:天津千鹤文化传播有限公司
装　　订:天津千鹤文化传播有限公司
出版发行:电子工业出版社
　　　　　北京市海淀区万寿路 173 信箱　邮编:100036
开　　本:720×1000　1/16　印张:15.25　字数:244 千字
版　　次:2024 年 6 月第 1 版
印　　次:2024 年 6 月第 1 次印刷
定　　价:79.80 元

凡所购买电子工业出版社图书有缺损问题,请向购买书店调换。若书店售缺,请与本社发行部联系,联系及邮购电话:(010)88254888,88258888。
质量投诉请发邮件至 zlts@phei.com.cn,盗版侵权举报请发邮件至 dbqq@phei.com.cn。
本书咨询联系方式:(010)88254568。

前　言

没有数字孪生，元宇宙就是一个空泛的名词。目前，互联网、大数据、人工智能等数字技术越来越深入人们的日常生活。人们投入到社交网络、电子商务、数字办公的时间不断增多，个人也越来越多地以数字身份出现在社会生活中。可以想象，除去睡眠等占用的休息时间，如果人类每天在数字世界活动的时间超过有效时间的50%，那么人类的数字身份会比物理世界的身份更真实有效。而在万物实现数字化之后，我们就能借助数字化应用与万物互联互通互动，这就催生了一项新技术应用，那就是数字孪生。

借助各种数据采集技术来构建物理实体的数字孪生体，即借助传感器监测一个设备或系统，建造数字版的"克隆体"。这个"克隆体"被创建在信息化平台上，是虚拟的，但又真实呈现着物理实体。与当前的计算机建模设计图纸不同，数字孪生体最大的特点在于，它是对实体对象的动态仿真。也就是说，数字孪生体是会"动"的，而且实时反映物理实体的运行状态。可以说，数字孪生体是一个基础版的元宇宙。

数字孪生的诞生，源于一系列技术的共同进步。当前，基于传感器、智能装备、工业软件、工业互联网、物联网、云计算和边缘计算的成熟和更广泛的商业实践积累，数字孪生走到了一个新的节点。随着数字孪生概念的成熟和技术的发展，一个数字孪生世界正在被不断构筑。

数字孪生技术的应用，从飞机、汽车、船舶等高端产品制造业，发展到高科技电子行业及生活消费行业。在基础设施行业中，数字孪生的身影也日益增加，应用对象包括铁路、公路、核电站、水电站、火电站、城市建筑乃至整个城市。可以说，今天，数字孪生已经走进我们的生活并且覆盖了不同行业的各个方面。

2020年初，达索系统公司提出了数字化革命要从原来物质世界中没有生命的"thing"扩展到有生命的"life"。从造物角度来讲，生物体比机械复杂得多，如人体数字化，与人体相关的多学科、多专业的系统化研究成果即将全部注入人体的数字孪生体中。这有利于降低各种手术风险，改进药物研发效能，提高药物效用。可以预见，数字孪生技术还将从原子、器件应用扩展到细胞、心脏、人体，甚至未来整个地球都可以在虚拟赛博空间中重建数字孪生体。

本书对数字孪生技术在各行业的应用进行了深入的解析。概念篇对数字孪生的概念做了详细解析，包括数字孪生概念的发展、数字孪生的核心技术、数字孪生的价值及发展现状。应用篇对数字孪生技术在智慧制造、智慧交通、智慧城市、智慧建筑、智慧能源、智慧健康、智慧国防、智慧战争、航天航空和元宇宙十个领域的应用进行了案例分析，案例均来自国内外最新的数字孪生应用。未来篇对数字孪生进行了展望，包括数字孪生技术的发展趋势、标准化问题、通用性问题及需要面对的现实挑战，并描述了即将出现的数字地球。

数字孪生代表了继搜索和社交媒体之后互联网的"第三波浪潮"，是一项用于产品全生命周期管理的颠覆性技术方法，不论是制造业、建筑业，还是生命科学领域，都会因数字孪生技术而发生革命性的变化。

由于写作时间仓促，加之数字孪生属于新的技术应用，目前还处于发展探索阶段，因此本书难免存在不足之处，望读者谅解。本书适合对前沿技术、数字技术、数字孪生、元宇宙感兴趣的人员阅读，以及供数字化相关专业的师生使用。

陈根

2024年春

目 录

第一篇　概念篇

第一章　新生产要素的革命 …………………………………………… 002
第一节　概念正演进 ………………………………………… 002
第二节　技术大集成 ………………………………………… 005
第三节　数字孪生的价值 …………………………………… 018
第四节　数字孪生蔚然成风 ………………………………… 023

第二篇　应用篇

第二章　数字孪生 + 智慧制造 ………………………………………… 030
第一节　让制造更智能 ……………………………………… 030
第二节　汽车发动机装配虚实结合 ………………………… 037
第三节　智能纺纱装备互联互通 …………………………… 040
第四节　工业网络与设备的虚拟调试 ……………………… 043

第三章　数字孪生 + 智慧交通 ………………………………………… 046
第一节　数字孪生成就未来交通 …………………………… 046
第二节　数字孪生天津港 …………………………………… 052
第三节　川藏铁路之"数字天路" ………………………… 055
第四节　西安智慧交通平台 ………………………………… 058

第四章　数字孪生 + 智慧城市 ………………………………………… 062
第一节　数字城市的升级之路 ……………………………… 062
第二节　虚拟新加坡 ………………………………………… 066
第三节　智慧滨海的城市大脑 ……………………………… 069

第四节　数字孪生之南京江北新区 …………………………… 072

第五章　数字孪生 + 智慧建筑 …………………………… 076
　　第一节　建筑业走向数字化 …………………………… 076
　　第二节　十天一座"雷神山" …………………………… 083
　　第三节　巴黎圣母院的"重生" …………………………… 086
　　第四节　安徽创新馆之 BOS …………………………… 088
　　第五节　吉宝静安之住宅施工 …………………………… 091

第六章　数字孪生 + 智慧能源 …………………………… 094
　　第一节　智慧能源形成共识 …………………………… 094
　　第二节　智慧矿山虚拟开采 …………………………… 100
　　第三节　廊坊热电厂数字化转型 …………………………… 103
　　第四节　数字孪生能源互联网规划平台 …………………………… 105
　　第五节　数字孪生之南方电网 …………………………… 108

第七章　数字孪生 + 智慧健康 …………………………… 114
　　第一节　数字孪生健康时代 …………………………… 114
　　第二节　DISCIPULUS 数字患者 …………………………… 118
　　第三节　蓝脑计划 …………………………… 120
　　第四节　达索系统数字心脏 …………………………… 122

第八章　数字孪生 + 智慧国防 …………………………… 126
　　第一节　国防数字孪生 …………………………… 126
　　第二节　数字孪生卫星车间 …………………………… 130
　　第三节　卫星副本确保网络安全 …………………………… 133
　　第四节　"下一代空中主宰"项目 …………………………… 136

第九章　数字孪生 + 智慧战争 …………………………… 141
　　第一节　现代战争之数字化升级 …………………………… 141
　　第二节　战场感知，数据互联 …………………………… 146

第三节　分布式作战数据链 Link16 ·················· 149
　第四节　仿真、集成和建模框架 AFSIM ·················· 153
　第五节　从宙斯盾到虚拟宙斯盾 ·················· 156

第十章　数字孪生 + 航天航空 ·················· 160
　第一节　数字孪生"智"造航天航空 ·················· 160
　第二节　飞行器设计之 GCAir 平台 ·················· 164
　第三节　制造装配之 F-35 生产线 ·················· 167
　第四节　航空飞机的数字孪生维保 ·················· 170

第十一章　数字孪生 + 元宇宙 ·················· 174
　第一节　元宇宙是什么 ·················· 174
　第二节　元宇宙走向现实世界 ·················· 178
　第三节　数字孪生是元宇宙发展的底气 ·················· 184
　第四节　元宇宙推动数字孪生发展 ·················· 187

第三篇　未来篇

第十二章　数字孪生趋势展望 ·················· 192
　第一节　数字孪生走向技术融合 ·················· 192
　第二节　标准化势在必行 ·················· 196
　第三节　提升数字孪生通用性 ·················· 204
　第四节　难以回避的现实挑战 ·················· 208

第十三章　向数字地球进发 ·················· 220
　第一节　多国数字孪生发展情况 ·················· 220
　第二节　一个完全的数字地球 ·················· 229

概念篇

第一篇

第一章 新生产要素的革命

第一节 概念正演进

当前,以物联网、大数据、人工智能等新技术为代表的数字浪潮席卷全球,物理世界和与之对应的数字世界所形成的两大体系平行发展、相互作用。数字世界为服务物理世界而存在,物理世界因数字世界变得高效、有序。在这种背景下,数字孪生技术应运而生。近几年来,"数字孪生"这一概念炙手可热,渐渐成为从工业到产业、从军事到民生等各个领域的智慧新代表。

数字孪生始于数字化,又不止于数字化。从概念的演进来看,"数字孪生"这一概念诞生于美国,2002年,密歇根大学教授迈克尔·格里夫斯(Michael Grieces)在"产品全生命周期管理"课程中提出了"与物理产品等价的虚拟数字化表达"这一概念:一个或一组特定装置的数字复制品,能够抽象表达真实装置,并可以此为基础进行在真实条件或模拟条件下的测试。数字孪生的概念源于对装置的信息和数据进行更清晰地表达的期望,希望能够将所有信息都放在一起进行更高层次的分析。

然而,真正将这种理念付诸实践的则是美国航空航天局(NASA)的阿波罗项目。在该项目中,美国航空航天局需要制造两个完全一样的空间飞行器,其中一个发射到太空执行任务,另一个留在地球上用于反映太空中那个航天器在任务期间的工作状态,从而辅助工程师分析并处理太空中出现的紧急事件。但对于当时来说，这两个航天器都是真实存在的物理实体。

2010年，"Digital Twin"一词在美国航空航天局的技术报告中被正式提出，并被定义为"集成了多物理量、多尺度、多概率的系统或飞行器仿真过程"。2011年，美国空军探索了数字孪生在飞行器健康管理中应用的可能性，并详细探讨了实施数字孪生的技术难度。2012年，美国航空航天局与美国空军联合发表了关于数字孪生的论文，指出数字孪生技术是驱动未来飞行器发展的关键技术之一。至此，数字孪生才真正作为一项数字技术应用走进了人们的视线。

现在，许多业界主流公司都对数字孪生做了自己的理解和定义，但实际上，人们对于数字孪生的认识依然是一个不断演进的过程。这从Gartner公司以往对数字孪生的论述中可见一斑。

2017年，Gartner公司对数字孪生的解释是：数字孪生是实物或系统的动态软件模型，数十亿计的实物将通过数字孪生来表达。从Gartner公司在2017年发布的新兴技术成熟度曲线中可以看出，数字孪生处于创新萌发期，距离成熟应用还有5～10年时间。2018年，Gartner公司对数字孪生的解释是：数字孪生是现实世界实物或系统的数字化表达。随着物联网的广泛应用，数字孪生可以连接现实世界的对象，提供其状态信息，响应变化，改善运营并增加价值。2019年，Gartner公司对数字孪生的解释变为：数字孪生是现实生活中物体、流程或系统的数字镜像。大型系统如发电厂或城市也可以创建其数字孪生模型。

在数字孪生概念的成熟和完善过程中，数字孪生的应用主体也不再局限于基于物联网来洞察和提升产品的运行绩效，而是延伸到更广阔的领域，如工厂的数字孪生、城市的数字孪生，甚至组织的数字孪生。

从横向来看，在模型维度上，从模型需求与功能的角度，一些观点认为数字孪生是三维模型，是物理实体的复制，或是虚拟样机。在数据维度上，一些观点则认为数据是数字孪生的核心驱动力，侧重于数字孪生在产品全生命周期的数据管理、数据分析与挖掘、数据集成与融合等方面的价值。在连接维度上，一些观点认为数字孪生是物联网平台或工业互联网平台，这些观点侧重从物理世界到虚拟世界的感知接入、可靠传输、智能服务。而对于服务来说，一些观点则认为数字孪生是仿真，是虚拟验证，或是可视化。

尽管当前对数字孪生存在多种不同的认识和理解，目前尚未形成统一、达成共识的定义，但可以确定的是，物理实体、虚拟模型、数据、连接和服务是数字孪生的核心要素，即数字孪生是现有或将有的物理实体对象的数字模型，通过实测、仿真和数据分析来实时感知、诊断、预测物理实体对象的状态，通过优化和指令来调控物理实体对象的行为，通过相关数字模型间的相互学习来进化自身，同时改进利益相关方在物理实体对象生命周期内的决策。

通俗地说，数字孪生就是在一个设备或系统"物理实体"的基础上，创造一个数字版的"虚拟模型"。这个"虚拟模型"是被创建在信息化平台上来提供服务的。值得一提的是，与计算机设计图纸不同，数字孪生体最大的特点在于，它是对实体对象的动态仿真，也就是说，数字孪生体是会"动"的。同时，数字孪生体"动"的依据是实体对象的物理设计模型、传感器反馈的"数据"及运行的历史数据。实体对象的实时状态及外界环境条件，都会"连接"到"孪生体"上。

可以看出，数字孪生为跨层级、跨尺度的现实世界与虚拟世界建立了沟通的桥梁，是一种实现制造信息世界与物理世界交互融合的有效手段。因此，数字孪生也被认为是第四次工业革命的通用目的技术和核心技术体系之一，是支撑万物互联的综合技术体系，也是未来智能时代的信息基础设施。

第二节 技术大集成

一项新兴技术或一个新概念的背后，往往是一系列技术共同进步。建模、仿真和基于数据融合的数字线程无疑是数字孪生的三项核心技术，能够做到统领建模、仿真和数字线程的系统工程和基于模型的系统工程则成为数字孪生体的顶层框架程序。此外，物联网是数字孪生体的底层伴生技术，云计算、机器学习、大数据、区块链相关技术则是数字孪生体的外围使能技术。

一、核心技术：建模、仿真、数字线程

1. 建模

数字化建模技术起源于20世纪50年代。建模的目的是将人们对物理世界或问题的理解进行简化和模型化；而数字孪生体的目的或本质正是通过数字化和模型化，用信息换能量，以更少的能量消除各种物理实体特别是复杂系统的不确定性。数字孪生建模需要完成多领域、多学科角度的模型融合，以实现对各领域物理对象特征的全面刻画。建模后的虚拟对象会表征物理对象的实体状态，模拟物理对象在现实环境中的行为，分析该物理对象的未来发展趋势。

因此，建立物理实体的数字化模型和信息建模技术是创建数字孪生体、实现数字孪生的源头和核心技术，也是"数化"阶段的核心。

当前，数字孪生建模语言主要包括 AutomationML、UML、SvsML 和 XML 等。一些模型采用通用建模工具（如 CAD 等）进行开发，而更多模型的开发则基于专用建模工具，如 FlexSim 和 Qfsm 等，目前业界已提出多种概念模型。

（1）基于微内核架构的数字孪生平台，通过集成的仿真数据库对实时传感器数据进行主动管理，为仿真模型的修正和更逼真的现实映射提供支持。

（2）模型自动生成和在线仿真的数字孪生建模方法。首先，选择静态仿真模型作为初始模型；其次，基于数据匹配方法由静态模型自动生成动态仿真模型，并结合多种模型提升仿真准确度；最后，通过实时数据反馈实现在线仿真。

（3）数字孪生建模流程概念框架包含物理层、数据层、信息处理与优化层三层，用来指导工业生产数字孪生模型的构建。

（4）基于模型融合的数字孪生建模方法，通过集成多种数理仿真模型来构建复杂的虚拟实体，并提出基于锚点的虚拟实体校准方法。

（5）全参数数字孪生的实现框架，将数字孪生分成物理层、信息处理层、虚拟层三层，基于数据采集、传输、处理、匹配等流程实现上层数字孪生应用。

（6）由物理实体、虚拟实体、连接、孪生数据、服务组成的数字孪生五维模型，强调了由物理数据、虚拟数据、服务数据和知识等组成的孪生数据对物理设备、虚拟设备和服务等的驱动作用，并探讨了数字孪生五维模型在多个领域的应用思路与方案。

（7）按照从数据采集到应用的过程分为数据保障层、建模计算层、数字孪生功能层和沉浸式体验层的四层模型，依次实现数据采集、传输和处理、仿真建模、功能设计、结果呈现等功能。

2. 仿真

仿真是将具备确定性规律和完整机理的模型转化成软件的方式来模拟物理世界的一种技术。仿真兴起于工业领域，作为一种必不可少的重要技术，已经被世界上众多企业广泛应用到工业的各个领域中，是推动工业技术快速发展的核心技术，也是工业 3.0 时代最重要的技术之一，在产品优化和创新活动中扮演着不可或缺的角色。近年来，随着工业 4.0、智能制造等新一轮工业革命的兴起，新技术与传统制造的结合催生了大量新型应用，工程仿真软件也开始与这些先进技术结合，在研发设计、生产制造、试验运维等各环节发挥着更重要的作用。

从仿真的视角来看，数字孪生体系中的仿真作为一种在线数字化技术，通过将模型转化成软件的方式来模拟物理世界，只要模型正确，并拥有完整的输入信息和环境数据，就可以基本正确地反映物理世界的特性和参数，验证和确认对物理世界或问题理解的正确性和有效性。

可以将数字孪生技术应用理解为针对物理实体建立相对应的虚拟模型，并模拟物理实体在真实环境下的行为。与传统的仿真技术相比，数字孪生技术更强调物理系统和信息系统之间的虚实共融和实时交互，是高频次贯穿全生命周期并不断循环迭代的仿真过程。

也就是说，数字孪生视角下的仿真预测是对物理世界的动态预测。仿真技术需要在建立物理对象的数字化模型之上，根据当前状态，通过物理学规律和机理来计算、分析和预测物理对象的未来状态。这种仿真不是对一个阶段或一种现象的仿真，应是全周期和全领域的动态仿真，包括产品仿真、虚拟试验、制造仿真、生产仿真、工厂仿真、物流仿真、运维仿真、组织仿真、流程仿真、城市仿真、交通仿真、人群仿真、战场仿真等。

因此，仿真技术不再仅仅用于降低测试成本。通过数字孪生，仿真技术的应用将扩展到各个运营领域，甚至涵盖产品的健康管理、远程诊断、智能维护、共享服务等方面。基于数字孪生可对物理对象进行分析、预测、诊断、训练等（仿真），并将仿真结果反馈给物理对象，从而帮助物理对象进行优化和决策。仿真技术是创建和运行数字孪生体，并保证数字孪生体与物理对象实现有效闭环的核心技术。

从技术角度看，建模和仿真则是一对伴生体，如果说建模是人类对物理世界或问题理解的模型化，那么仿真就是验证和确认这种理解的正确性和有效性。

随着仿真技术的发展，其被越来越多的领域所采用，并逐渐发展出更多类型的仿真技术和软件，数字孪生则将成为仿真应用的新巅峰。在数字孪生发展的每个阶段，仿真都在扮演不可或缺的角色；数字孪生也因为仿真在不同发展阶段及四大关键场景中无处不在，成为智能化和智慧化的源泉与核心。

3. 数字线程

数字线程是指可扩展、可配置和组件化的企业级分析通信框架。基于该框架可以构建覆盖系统生命周期与价值链全部环节的跨层次、跨尺度、多视图模型的集成视图，进而以统一模型驱动系统生存期活动为决策者提供支持，主要包括正向数字线程技术和逆向数字线程技术两大类型。

其中，正向数字线程技术以 MBSE（Model-Based Systems Engineering，基于模型的系统工程）为代表，在用户需求阶段就基于统一的建模语言（UML）定义各类数据和模型规范，为后期全量数据和模型在全生命周期集成融合提供基础支撑。

逆向数字线程技术以管理壳技术为代表，依托多类工程集成标准，对已经构建完成的数据或模型，基于统一的语义规范进行识别、定义、验证，并开发统一的接口支撑，以进行数据和信息交互，从而促进多源异构模型之间的互操作。

根据美国军方对数字线程的定义和解释，其目标就是要在系统全生命周期内实现在正确的时间、正确的地点，把正确的信息传递给正确的人。这一目标与20世纪90年代的产品数据管理/产品生命周期管理技术和理念出现时的目标几乎完全一致，只不过数字线程要在数字孪生环境下实现这一目标。可以说，数字线程是数字孪生技术体系中最为关键的技术。

二、顶层框架程序：系统工程和MBSE

尽管系统工程起源于20世纪早期，并在第二次世界大战中就已经进行了运用，但直到1951年，美国贝尔公司在建成微波中继通信网后才正式提出"系统工程"这一名词。1972年，美国阿波罗载人登月工程成功运用了系统工程的方法，这让系统工程第一次在世界范围内被人们所熟知。之后，在美国国防部的领导下，引入承包商标准，系统工程才逐渐被应用于民用航空领域。

系统工程国际委员会（INCOSE）将系统工程定义为一种能够使系统实现跨学科的方法和手段。系统工程专注于在系统开发的早期阶段就定义并文档化客户需求，再考虑系统运行、成本、进度、性能、培训、保障、试验、制造等问题，并进行系统设计和确认。

由此可见，系统工程可被应用于建立跨学科的复杂大系统，通过对系统的组成、结构、信息流等进行科学、有条理的研究和分析，使学科与学科之间、子系统与子系统之间、系统的整体与局部之间协调和配合，从而优化系统的运行性能，更好地达到系统的目的。

然而，伴随着需求的增长和技术的革新，传统工业逐渐向智能化、数字化转型。在新的工业环境下，系统复杂度的提升所产生的庞大信息量与数据量给传统的基于文档的系统工程带来了前所未有的挑战。于是，随着模型驱动的系统开发方法的兴起，特别是在软件领域，人们将模型驱动与系统工程相结合，提出了基于模型的系统工程方法 MBSE。

MBSE 强调贯穿于全生命周期技术过程的形式化建模，建立的系统模型既解决了项目经验积累和复用的问题，也通过多视角的系统顶层需求建模与系统架构建模，为复杂系统或体系的向下分解与及时验证提供了模型依据，体现了整体论与还原论的辩证统一；而针对物理层构建的各专业领域（机械、电子、流体、力学、气动等）的物理模型，也体现了对具体实现技术的描述，使系统工程不再仅仅是使能技术，还包含了完整的工程实现所需的技术集合。

一方面，MBSE 中的 DoDAF 系统架构描述标准提供了多视角的体系架构描述方法，从全景视点、能力视点、作战（业务）视点、服务视点和系统视点等八个方面来完整描述系统，使得从整体上描述复杂系统或体系成为可能，满足了系统工程方法的系统性与整体性，系统工程从而成为名副其实的系统论指导下的工程方法。而建立的系统架构模型，在系统定义的早期阶段，就能为系统功能分解与系统指标分解的结果进行仿真验证提供模型支持。

另一方面，2007年系统工程国际委员会（INCOSE）在《系统工程2020年愿景》中给出了"基于模型的系统工程"的定义：支持从概念设计阶段开始并持续贯穿于开发和后续的生命周期阶段的系统需求、设计、分析、验证和确认活动的形式化建模应用。可以看出，MBSE与传统的系统工程相比，最主要的区别是贯穿于全生命周期技术过程的形式化建模，重点在形式化，而不是有无建模。

当前，MBSE已成为创建数字孪生体的框架，数字孪生可以通过数字线程集成到MBSE工具套件中，进而成为MBSE框架下的核心元素。而从系统生存周期的角度，MBSE又可以作为数字线程的起点，使用从物联网收集的数据运行系统仿真来探索故障模式，从而随着时间的推移逐步改进系统设计。

三、底层伴生技术：物联网

物联网（Internet of Things，IoT），即通过各种信息传感器、射频识别技术、全球定位系统、红外感应器、激光扫描器等装置与技术，实时采集任何需要监控、连接、互动的物体或过程，采集其声、光、热、电、力学、化学、生物、位置等各种需要的信息，通过各类可能的网络接入，实现物与物、物与人的泛在连接，实现对物品和过程的智能化感知、识别和管理。物联网是一个基于互联网、传统电信网等的信息承载体，它让所有能够被独立寻址的普通物理对象形成互联互通的网络。

从凯文·阿什顿在1999年提出"物联网"一词至今，物联网已从雏形初现逐步发展为拉动全球经济增长的新引擎。新的技术浪潮开启了通往新时代的大门，也为时代奠定了特有的基调。与移动互联网大约50亿个的设备接入量相比，物联网的连接规模将扩大至少一个数量级，所涉及的领域涵盖可穿戴设备、智能家居、自动驾驶汽车、互联工厂和智慧城市。

虽然从连接的对象来看，物联网只是加入了各种"物"，但它对连接内涵的拓展和升华带来了极其深远的影响。物联网不再以"人"为单一的连接中心，物与物无须人的操控即可实现自主连接，这在一定程度上确保了连接所传递内容的客观性、实时性和全面性。

从物联网的角度来看，一方面，物联网将实体世界的每一缕脉动都连接到网络上，打造了一个虚拟（信息、数据、流程）和实体（人、机器、商品）之间相互映射、紧密耦合的系统。物理实体在虚拟世界建立了自身的数字孪生体，使其状态变得可追溯、可分析和可预测。

另一方面，若要实现数字孪生，必须借助传感器运行、更新的实时数据来反馈到数字系统，进而实现在虚拟空间的仿真过程。也就是说，物联网的各种感知技术是实现数字孪生的必然条件，只有现实中的物体联了网，并且能实时传输数据，才能对应地实现数字孪生。

从数字孪生的角度来看，数字孪生可以借助物联网和大数据技术，达到指标测量甚至精准预测的目的。数字孪生可以通过采集有限的物理传感器指标的直接数据，并借助大样本库，通过机器学习推测出一些原本无法直接测量的指标。例如，可以利用一系列历史指标数据，通过机器学习来构建不同的故障特征模型，间接推测出物理实体运行的健康指标。

此外，现有的产品全生命周期管理很少能够实现精准预测，因此往往无法对隐藏在表象下的问题进行预判。而数字孪生可以结合物联网的数据采集、大数据的处理和人工智能的建模分析，实现对当前状态的评估和对过去发生问题的诊断，并给予分析结果，模拟各种可能性，实现对未来趋势的预测，进而实现更全面的决策支持。

四、外围使能技术：云计算、大数据和机器学习、区块链

1. 云计算

云计算是分布式计算的一种，指的是通过网络"云"将巨大的数据计算处理程序分解成无数个小程序，通过多部服务器组成的系统进行处理和分析这些小程序，并将得到的结果返回给用户。云计算是分布式计算、效用计算、负载均衡、并行计算、网络存储、热备份冗杂和虚拟化等计算机技术混合演进并跃升的结果。云计算系统由云平台、云存储、云终端、云安全四个基本部分组成，云平台从用户的角度又可分为公有云、私有云、混合云等。

最早提出云计算概念的是 Sun 公司首席执行官 Scott Mc Nealy。他在 20 世纪 90 年代提出了"网络计算机"的概念和"网络无处不在"的思路。此后，IT 和互联网业界都在探索和践行为用户提供成本更低、操作更简便、数据更安全的开放性基础架构服务平台。

2010 年 5 月 21 日，在第二届中国云计算大会上，鸿蒙集团董事长郑世宝先生发表了题为《从生命看云计算，整体论对还原论》的演讲，将云计算融入东方科学和哲学思想的范畴，以整体论和系统论的观点，用中国人的慧性思维定义了云计算：云计算是以应用为目的，通过互联网将必要的大量硬件和软件按照一定的结构体系连接起来，并随应用需求的变化而不断调整结构体系，从而建立起来的一个内耗最小、功效最大的虚拟资源服务中心。

简言之，云计算就是把跟互联网有关联的有形和无形的资源串联起来而形成的一个平台，用户按照规则在上面做自己想做的事情。这也意

味着，计算将越来越深入地变为一种服务，通过互联网，来自远方大量的计算能力将为本地所使用。文档、电邮和其他数据将会在线储存，或者更精确地说是储存在网络云上。

数字孪生需要将现实世界中的海量数据映射到镜像世界，并进行大量的计算，而这毫无疑问，需要建立在大规模云计算的基础上。可以说，云计算是体系级数字孪生分析的理想技术，而云计算体系结构则有利于大量连接设备的组织和管理，以及内部和外部数据的组合和集成。在云计算体系结构中，各种不同类型的存储设备可以通过应用软件一起工作，共同提供数据存储和业务访问服务。

2. 大数据和机器学习

大数据，顾名思义，即大量的数据。大数据技术则是通过获取、存储、分析，从大容量数据中挖掘价值的一种全新的技术架构。

从数据的体量来看，传统的个人计算机处理的数据是 GB/TB 级别的数据，其中，1KB=1024B (KB-kilobyte)，1MB=1024KB(MB-megabyte)，1GB=1024MB(GB-gigabyte)，1TB=1024GB(TB-terabyte)。例如，硬盘容量通常是 1TB/2TB/4TB 的。而大数据处理的是 PB/EB/ZB 级别的数据体量，其中，1PB=1024TB(PB-petabyte)，1EB=1024PB(EB-exabyte)，1ZB=1024EB(ZB-zettabyte)。

如果说一块 1TB 的硬盘可以存储大约 20 万张照片或 20 万首 MP3 音乐，那么 1PB 的大数据则需要大约 2 个机柜的存储设备，储存约 2 亿张照片或 2 亿首 MP3 音乐。1EB 则需要大约 2000 个机柜的存储设备。当前正处于全球数据量仍在飞速增长的阶段，根据国际机构 Statista 的统计和预测，2020 年全球数据产生量约 47ZB，而到 2035 年，这一数字将达到 2142ZB，全球数据量即将迎来更大规模的爆发。

除了体量之大，大数据的"大"还在于其发挥的价值之大。早在 1980 年，著名未来学家阿尔文·托夫勒在他的著作《第三次浪潮》中就明确提出："数据就是财富。"大数据的核心本质就是价值。而机器学习就是一种重要的实现大数据价值的工具，其中，机器学习可以分为监督学习、无监督学习和强化学习三个主要类别。

（1）监督学习基于训练好的数据来构建算法，训练数据包含一组训练样例，其中的每个训练样例都拥有一个或多个输入与输出，并成为监督信号，通过对目标函数的迭代优化，监督学习算法探索出一个函数，可用于预测新输入所对应的输出。

（2）无监督学习只在包含输入的训练数据中寻找结构，识别训练数据的共性特征，并基于每个新数据所呈现或缺失的这种共性特征做出判断。

（3）强化学习是研究算法如何在动态环境中执行任务，以实现累计奖励的最大化。很多学科对这个领域有研究，如博弈论、控制论等，在自动驾驶、人类博弈比赛等方面比较常用。

因此，从本质上说，机器学习解决的正是大数据的优化问题与算法的优化问题。而机器学习算法又是一类从数据中自动分析获得规律，并利用规律对未知数据进行预测的算法。因此，机器学习总是和大数据相伴而生。

在数字孪生体中，物联网的一项重要作用就是收集来自物理世界的数据，这种数据往往具备大数据特征。数字孪生体使用这些数据的一种模式就是通过机器学习技术，在物理机理不明确、输入数据不完备的情况下对数字孪生体的未来状态和行为进行预测，尽管这种预测未必准确，但相比一无所知，这种预测仍具有价值。而且随着数字孪生体的进化，这种预测会越来越逼近真实世界的情况。

3. 区块链

区块链在本质上是一个去中心化的分布式数据库，能实现数据信息的分布式记录与分布式存储，它是一种把区块以链的方式组合在一起的数据结构。区块链技术使用密码学的手段产生一套记录时间先后的、不可篡改的、可信任的数据库，这套数据库采用去中心化存储且能够有效保证数据的安全，能够使参与者对全网交易记录的时间顺序和当前状态建立共识。

通俗地讲，区块链就是由以前一人记账的模式，变成了大家一起记账的模式，让账目和交易更安全，这就是分布式数据存储。实际上，与区块链相关的技术名词除分布式存储外，还有智能合约、加密算法等。

区块链由两部分组成，一部分是"区块"，另一部分是"链"，这是以数据形态对这项技术进行的描述。区块是使用密码学方法产生的数据块，数据以电子记录的形式被永久储存下来，存放这些电子记录的文件被称为"区块"。每个区块都记录了几项内容，包括神奇数、区块大小、数据区块头部信息、交易数、交易详情。

每个区块都由块头和块身组成，块头用于链接上一个区块的地址，并且为区块链数据库提供完整性保证；块身则包含了经过验证的、块创建过程中发生的交易详情或其他数据记录。

区块链的数据存储通过两种方式来保证数据库的完整性和严谨性：第一，每个区块上记录的交易都是上一个区块形成之后，该区块被创建前发生的所有价值交换活动，这个特点保证了数据库的完整性；第二，在绝大多数情况下，一旦新区块完成并加入区块链后，则此区块的数据记录就再也不能改变或删除，这个特点保证了数据库的严谨性，使其无法被篡改。

链式结构主要依靠各个区块之间的头部信息链接起来，头部信息记录了上一个区块的哈希值（通过散列函数变换的散列值）和本区块的哈希值。本区块的哈希值又在下一个新的区块中有所记录，由此完成了所有区块的信息链。

同时，由于区块上包含了时间戳，区块链还带有时序性。时间越久的区块链后面所链接的区块越多，修改该区块所要付出的代价也就越大。区块采用密码协议，允许计算机（节点）网络共同维护信息的共享分布式账本，而不需要节点之间的完全信任。

该机制可以保证，只要大多数网络按照所述管理规则发布到区块上，则存储在区块链中的信息就可被信任为可靠的。这可以确保交易数据在整个网络中被一致地复制。分布式存储机制的存在，通常意味着网络的所有节点都保存了区块链上存储的信息。借用一个形象的比喻，区块链就好比地壳，越往下层，时间越久远，结构越稳定，越不会发生改变。

由于区块链将创世块以来的所有交易都明文记录在区块中，并且形成的数据记录不可篡改，因此任何交易双方之间的价值交换活动都是可以被追踪和查询到的。这种完全透明的数据管理体系不仅从法律角度看无懈可击，也为现有的物流追踪、操作日志记录、审计查账等提供了可信任的追踪捷径。

数字孪生体是典型的数字资产。在众多数字孪生技术应用的过程中，必然存在数字资产的交易。区块链提供的去中心化的交易机制就能很好地支持分布、实时和精细化地进行数字资产交易，因此其可以成为数字孪生体最佳的资产交易媒介。同时，该交易机制也能引入信任度，持续保持透明度，很好地支持数字资产交易生态系统的参与主体，包括数字资产的采集、存储、交易、分发和服务各个流程的参与者。最后，去中心化数据交易网络也需要在可扩展性、交易成本和交易速度方面有所突破，由此才能加速推动数字资产的商用化。

第三节　数字孪生的价值

一、数字孪生的五大特点

技术的集成成就了数字孪生的诞生，相较于其他单一的数字技术，数字孪生呈现出互操作性、可扩展性、实时性、保真性和闭环性五大特点，而这五大特点最终融合成数字孪生技术所拥有的优势——虚实映射和全生命周期管理。

（1）在互操作性上，数字孪生中的物理对象和数字空间能够双向映射、动态交互和实时连接，因此数字孪生具备以多样的数字模型映射物理实体的能力，具有能够在不同数字模型之间转换、合并和建立"表达"的等同性。

（2）在可扩展性上，数字孪生技术具备集成、添加和替换数字模型的能力，能够针对多尺度、多物理、多层级的模型内容进行扩展。

（3）在实时性上，数字孪生以一种计算机可识别和处理的方式管理数据，以对随时间轴变化的物理实体进行表征。表征的对象包括外观、状态、属性、内在机理，形成物理实体实时状态的数字虚体映射。

（4）数字孪生的保真性是指描述数字虚体模型和物理实体的接近性，要求虚体和实体不但要保持几何结构的高度仿真，而且在状态、相态和时态上也要仿真。

（5）数字孪生中的数字虚体是用于描述物理实体的可视化模型和内在机理，以便对物理实体的状态数据进行监视、分析推理、优化工艺参数和运行参数，实现决策功能，即赋予数字虚体和物理实体同一个大脑。因此，数字孪生还具有闭环性。

二、虚实映射和全生命周期管理

正是基于数字孪生的五大特点，加之社会需求的同频，使得数字孪生作为一种超越现实的概念，被视为一个或多个重要的、彼此依赖的、装备系统的数字映射系统，在近几年里热度不断攀升。

其中，虚实映射是数字孪生的基本特征，也是数字孪生价值的重要体现。虚实映射通过对物理实体构建数字孪生模型，实现物理模型和数字孪生模型的双向映射。这对于改善对应物理实体的性能和运行绩效无疑具有重要作用。

事实上，对于工业互联网、智能制造、智慧城市、智慧医疗等未来的智能领域来说，虚拟仿真是其必要的环节。而数字孪生虚实映射的基本特征，则为工业制造、城市管理、医疗创新等领域由"重"转"轻"提供了良好的路径。

以工业互联网为例，在现实世界中，检修一台大型设备需要考虑停工的损益、设备的复杂构造等问题，并安排人员进行实地排查检测。显然，这是一个"重工程"。而通过数字孪生技术，检测人员只需对"数字孪生体"进行数据反馈，即可判断现实实体设备的情况，达到排查检修的目的。

美国通用电气公司就借助数字孪生这一概念，提出物理机械和分析技术融合的实现途径，并将数字孪生应用到其旗下航空发动机的引擎、涡轮，以及核磁共振设备的生产和制造过程中，让每台设备都拥有一个数字化的"双胞胎"，实现了运维过程的精准监测、故障诊断、性能预测和控制优化。

闻名世界的雷神山医院便是利用数字孪生技术进行建造的。中南建筑设计院的建筑信息建模（Building Information Modeling，BIM）团队为雷神山医院创造了一个数字化的"孪生兄弟"，采用BIM技术建立雷神山医院的数字孪生模型，根据项目需求，利用BIM技术指导和验证设计，为设计建造提供了强有力的支撑。

近年来构建的数字孪生城市，更是引发了城市智能化管理和服务的颠覆性创新。例如，中国河北的雄安新区就融合地下给水管、再生水管、热水管、电力通信缆线等12种市政管线的城市地下综合管廊数字孪生体，令人惊艳；江西鹰潭"数字孪生城市"荣获2019年全球智慧城市大会的全球智慧城市数字化转型奖。

此外，由于虚实映射是对实体对象的动态仿真，也就意味着数字孪生模型有着一个"不断生长、不断丰富"的过程：在产品全生命周期中，从产品的需求信息、功能信息、材料信息、使用环境信息、结构信息、装配信息、工艺信息、测试信息到维护信息，不断扩展，不断完善。

数字孪生模型越完整，就越能逼近其对应的实体对象，从而对实体对象进行可视化、分析、优化。如果把产品全生命周期的各类数字孪生模型比喻为散乱的珍珠，那么将这些珍珠串起来的链子，就是数字主线（Digital Thread）。数字主线不仅可以串起各个阶段的数字孪生模型，还包括产品全生命周期的信息，确保在信息发生变更时，各类产品的信息能保持一致性。

在全生命周期领域，西门子借助数字孪生的管理工具——PLM（Product Lifecycle Management，产品生命周期管理）软件将数字孪生的价值推广到多个行业，并在医药、汽车制造领域取得了显著的效果。

以研发及生产葛兰素史克疫苗的实验室为例，通过"数字化双胞胎"的全面建设，使复杂的疫苗研发与生产过程实现完全虚拟的全程"双胞胎"监控，企业的质量控制开支费用降低13%，返工和报废率降低25%，合规监管费用也降低了70%。

从虚实映射到全生命周期管理，体现了对各个行业都能广泛应用的数字孪生场景。2018年发表的《数字孪生及其应用探索》一文，归纳了包括航空航天、电力、汽车、石油天然气、健康医疗、船舶航运、城市管理、智慧农业、建筑建设、安全急救、环境保护在内的11个领域45个细分类的数字孪生应用。[①]

这也使数字孪生成为数字化转型进程中炙手可热的焦点。Gartner和树根互联共同出版的行业白皮书《如何利用数字孪生帮助企业创造价值》中提到，2021年，半数的大型工业企业会应用数字孪生，从而使这些企业的效率提高10%；2024年，将有超过25%的全新数字孪生模型作为新IoT原生业务应用的绑定项被采用。

三、为创新赋能

数字孪生同沿用了几十年、基于经验的传统设计和制造理念相去甚

---

① 陶飞，刘蔚然，刘检华，等：《数字孪生及其应用探索》，《计算机集成制造系统》，2018年第24卷第1期，第1~18页。

远,使设计人员无须通过开发实际的物理原型就可以验证设计理念,无须通过复杂的物理实验就可以验证产品的可靠性,无须进行小批量试制就可以直接预测生产瓶颈,甚至不需要去现场就可以洞悉销售给客户的产品的运行情况。

因此,这种数字化转变对传统工业企业来说可能非常难以改变和适应,但这种方式确实是先进的、契合科技发展方向的,无疑将贯穿产品的生命周期,不仅可以加速产品的开发过程,提高开发和生产的有效性和经济性,还能有效地反映产品的使用情况并帮助客户避免损失,精准地将客户的真实使用情况反馈到设计端,实现产品的有效改进。从这一角度来讲,数字孪生还将具有前所未有的创新意义。

首先,数字孪生通过设计工具、仿真工具、物联网、虚拟现实等各种数字化手段,将物理设备的各种属性映射到虚拟空间中,形成可拆解、可复制、可转移、可修改、可删除、可重复操作的数字镜像,这极大地加速了操作人员对物理实体的了解,从而"解封"了很多原来由于物理条件限制、必须依赖真实的物理实体才能完成的操作(如模拟仿真、批量复制、虚拟装配等),更能激发人们去探索新的途径来优化设计、制造和服务。

其次,数字孪生将带来更全面的测量。只要能够测量,就能够改善,这是工业领域不变的真理。无论是设计、制造还是服务,都需要精确地测量物理实体的各种属性、参数和运行状态,以实现精准的分析和优化。但是传统的测量方法必须依赖价格昂贵的物理测量工具,如传感器、采集系统、检测系统等,才能够得到有效的测量结果,而这无疑会限制测量覆盖的范围,对于很多无法直接采集的测量值的指标往往爱莫能助。

而数字孪生却可以借助物联网和大数据技术,通过采集有限的物理传感器指标的直接数据,并借助大样本库,通过机器学习推测出一些原本无法直接测量的指标。例如，利用润滑油温度、绕组温度、转子扭矩等一系列指标的历史数据，通过机器学习来构建不同的故障特征模型，间接推测出发电机系统的健康指标。

最后，数字孪生还将带来更全面的分析和预测能力。现有的产品全生命周期管理很少能够实现精准预测，因此往往无法对隐藏在表象下的问题进行预判。而数字孪生则可以结合物联网的数据采集、大数据的处理和人工智能的建模分析，实现对当前状态的评估、对过去发生问题的诊断，并给予分析的结果，模拟各种可能性，以及实现对未来趋势的预测，进而实现更全面的决策支持。

第四节　数字孪生蔚然成风

作为第四次工业革命的一个战略性的技术趋势，数字孪生技术正在逐渐走向成熟并成为主流技术，这从近年来市场对数字孪生的期待中可见一斑。

2016 年，美国信息技术研究分析公司 Gartner 率先把数字孪生列入物联网超级周期。2017 年，Gartner 指出企业要"为数字孪生的冲击做好准备"，并认为"数字孪生已经融合了多种因素，数字孪生的概念成为一种颠覆性趋势，并将在未来五年乃至更长时间内产生越来越广泛和深远的影响"。Gartner 在当时预测，到 2021 年，将有一半的大型工业公司使用数字孪生技术，从而使组织的效率提高 10%。

2017 年 6 月至 7 月，Gartner 调查了美国、德国、中国、日本的已经提供物联网解决方案或正在推行物联网项目的 202 位受访者，并收集了有关 IoT 部署的最佳实践和开发 IoT 解决方案的策略信息。调查显示，数字孪生可以帮助缓解一些关键的供应链的挑战压力。例如，在缺乏跨职能协作或缺乏整个供应链的可见性上，数字孪生可以帮助供应链应对这些挑战。因此，对数字孪生的投资应以价值链为驱动力，以使产品和资产利益相关者能够以更加结构化和整体的方式来管理产品或资产。

此外，根据 2017 年埃森哲公司针对 150 家全球领先的通信、媒体、高科技、航空及国防行业的公司高管进行的调研显示，数字孪生已被大多数领先企业纳入中长期战略——90% 的受访者的公司正在对其现有的或新的产品和服务进行应用数字孪生的可行性评估。大多数公司高管认为数字孪生先行者将实现 30% 的收入增长。埃森哲公司预测，数字孪生的技术应用将在五年内实现翻倍。

2018 年，在 Gartner 预测的新兴技术炒作周期中，数字孪生成为炒作周期的顶峰。Gartner 认为，数字孪生要用 5~10 年才趋于成熟。然而，事实是，数字孪生的成熟周期比 Gartner 预测的还要来得早一些。

基于此，2019 年，Gartner 对这一发展趋势做了一系列的调研和分析。2019 年 2 月，Gartner 发布的研究报告显示：数字孪生逐渐成为应用的主流，也就是说，数字孪生技术比预期更快地趋于成熟，并开始被更多领域重视和采用，特别是物流和供应链领域。

2019 年 9 月，Gartner 的分析师 Alfonso Velosa 团队发表了《市场趋势：软件提供商逐步服务于新兴的数字孪生市场》一文，研究了值得关注的软件提供商后指出：数字孪生是企业数字业务项目中迅速兴起和发展的一部分，技术和服务提供商需要建立其支持数字孪生的技术能力和产品组合，并加强其进入市场的战略谋划，以建立差异化的价值地位。

正如 Gartner 所认为的那样，数字孪生技术正在成为主流应用。2017 年，数字孪生技术出现在 Gartner 新兴技术成熟度曲线的上升段；2018 年到达曲线顶点；2019 年未出现在曲线中，标志着它已不再是新兴技术，而是进入了主流技术行列。而且，数字孪生技术不是一般的新兴技术或主流技术，它从 2017 年到 2019 年连续三年入选 Gartner 十大战略技术趋势评选。战略技术趋势意味着具有重大颠覆性潜力的趋势，正在从新兴状态中发展壮大，有望产生更广泛的影响及应用范围，或者正在以巨大的波动性迅速增长，并预计能够在五年内跨越新兴技术成熟度曲线的低谷，到达成熟应用的平台期。

2019 年 2 月，Gartner 发布调查和预测，在实施物联网的组织中，有 13% 的组织已经在使用数字孪生体，而 62% 的组织正在建立数字孪生体或正在计划这样做。2022 年，超过 2/3 的实施物联网的公司将使用数字孪生体。

2019 年 7 月，Gartner 发布数字政府技术成熟度曲线，"政府的数字孪生体"出现于曲线的起点；9 月，美国首次召开智慧城市和数字孪生体融合研讨会；10 月，在 Gartner 发布的 2020 年十大战略技术趋势中，第一项——超自动化（指通过多种机器学习、软件和自动化工具的打包组合来完成工作）就认为，在模型驱动的组织基础上，实现组织的数字孪生是获得超自动化全部收益的预先要求和前提。这些事件无不昭示着数字孪生已经开始进入深度开发和大规模扩展应用期。

2020 年，在德勤发布的技术趋势报告中，数字孪生已成为认知和分析最重要的技术应用趋势。该报告引用 Markets and Markets 和 IDC 两家公司的研究数据，显示对数字孪生技术的探索已经展开：2019 年数字孪生市场的价值为 38 亿美元，预计 2025 年这一数字将增至 358 亿美元。6 年 9 倍多的增速，可谓是飞速发展。

2021年，据泰伯网不完全统计，有15家数字孪生、时空数据相关企业完成融资，总规模超10亿元，而此次统计仅限于智慧城市空间数据服务企业，不含智慧医疗等专业领域企业，部分未公开金额则未估算。

例如，2021年1月15日，全栈时空人工智能企业维智科技宣布完成4000万美元的A+轮融资，用于加强在时空人工智能领域的科技创新能力，加大核心时空数据和知识资产的建设和投入；3月，空间大数据公司星闪世图宣布完成近亿元的B轮融资，用于空间大数据与数字孪生产品技术的持续研发投入和全国范围内的空间数据智慧应用业务拓展；9月，装配式装修企业变形积木宣布完成B+轮1亿元融资，主要用于BIM智能化系统搭建与完善；10月，数字孪生平台提供商Data Mesh（北京商询科技有限公司）完成近亿元的B1轮融资，欲打造工业、建筑场景下的"元宇宙"；同在10月，飞渡科技完成近亿元的A轮融资，将专项用于数字孪生、BIM等关键核心技术的迭代研发及SaaS产品的推广等。

正如2020年德勤在技术趋势报告中指出的那样："数字孪生发展势头迅猛，得益于快速发展的仿真和建模能力、更好的互操作性和物联网传感器及更多可用的工具和计算的基础架构等，因此各领域内的大小型企业都可以更多地接触到数字孪生技术。"IDC预测，到2022年，40%的物联网平台供应商将集成仿真平台、系统和功能来创建数字孪生体，70%的制造商将使用该技术进行流程仿真和场景评估。

可以说，得益于物联网、大数据、云计算、人工智能等新一代信息技术的发展，数字孪生的实施已经进入"快车道"，并逐渐被应用于制造业、交通、医疗等多个领域。物联网、大数据等前沿技术的发展打破了数据孤岛，把物理世界的数据快速传递到数字孪生世界。

数字孪生已经成为数字化的必然结果和必经之路。数字孪生所强调的与现实世界一一映射、实时交互的虚拟世界，也将日益嵌入社会的生产和生活，帮助实现现实世界的精准管控，降低运行成本，提升管理效率。

第二篇 应用篇

第二章 数字孪生+智慧制造

第一节 让制造更智能

无农不稳,无工不强。作为真正具有强大造血功能的产业,制造业对经济的持续繁荣和社会稳定举足轻重。制造业的发展让人类有更大的能力去改造自然并获取资源,其生产的产品被直接或间接地应用到人们的消费中,极大地提升了人们的生活水平。可以说,自第一次工业革命以来,制造业就在一定意义上决定着人类的生存与发展。

然而,近年来,由于发达国家的产业空心化和发展中国家的产业低值化,制造业困局显现,发达国家大批工人失业且出现贸易逆差,发展中国家的企业利润逐渐下降、环境不断恶化。大量制造业企业面临生存危机,数字化、网络化、智能化转型升级迫在眉睫。在制造业逐步走向智能化的过程中,数字孪生技术作为制造业智能化的核心技术之一,受到了越来越多的关注和研究。

一、制造业数字化转型之需

制造业对于人类生活的重要性毋庸置疑。制造业是经济增长的发动机,其增长可以在制造业内外部创造更多的经济活动,具有较高的乘数效应和广泛的经济联系。制造业的增长比其他产业相同规模的增长将创造更多的研发活动。制造业创新活动对于提高生产率至关重要，而生产率增长则是提高生活水平的源泉。

然而，自20世纪70年代以来，在资本主义世界的发达国家中出现了"去工业化"的浪潮。以美国为例，美国从第二次世界大战后便开始了"去工业化"历程，作为在第二次世界大战之前已经完成工业化进程并开始进入后工业化阶段的传统工业化国家，美国在战后初期为绕过欧共体的关税壁垒而改变了以往向西欧地区直接出口机电、汽车等产品的做法，转而在欧洲直接大规模投资进行本土化生产。

第二次世界大战后，美国的产业空心化进程实际上反映了战后美国产业结构的"脱实向虚"。在这一过程中，制造业不断萎缩并被当成了美国的"夕阳产业"，从制造业在国民经济中的产值比例看，美国制造业的产值比例在战后明显下降。除电子产品制造业等少数领域外，机械制造业、汽车制造业等传统的制造业产值比例都出现了长期的趋势性下降，本应服务于实体经济的虚拟经济却不断膨胀。

尽管西方国家的"去工业化"举措曾经一度被视为明智之举，被认为是当一国处于工业化中后期时，其技术和资本积累足够雄厚，并且居民的消费水平较高时的必然改变，但事到如今，"去工业化"危害尽显。

一方面，"去工业化"造成了生产效率的损失，使劳动力从较高生产率的制造业流向较低生产率的服务业，这将降低社会的生产效率。另一方面，"去工业化"导致了要素投入的降低。相对而言，服务业的资本—劳动比率较低，对资本的需求与劳动投入也较低，因此随着劳动力从制造业流向服务业，资本和劳动力的引入，导致需求减少，从而造成失业以及经济发展的滞缓。

在美国，随着制造业产值比例的下降，大量的劳动力从制造业中被

"挤出",而这些劳动力又无法在短期内被其他产业吸收,由此造成了美国长期以来的就业难题。特别是自20世纪80年代以来,美国的制造业就业人口比例出现了大幅下降,这固然与其产业自身劳动生产率的提高有关,但更大程度上则是受到了产业整体性下降的影响。

从工业转移出来的劳动力进入服务业,而作为吸纳大量就业人口的服务业,却也分为高端服务业和低端服务业,前者主要包括金融、会计、法律、医疗、教育等需要专业知识的服务业岗位,收入较高,就业岗位却较少;大多数低端服务业岗位则不需要多么高深的专业知识和技能,就业门槛低,收入也偏低。而社会的中间阶层——蓝领工人,在"去工业化"的过程中逐渐减少,结果就是加速了社会贫富两极分化,在社会各阶层之间筑起藩篱,激化了阶层矛盾。于是,随着"去工业化"持续,大批工人失业,阶层流动趋于停滞。

更重要的是,当工业资本向其他国家转移时,则不可避免地出现了"产业空心化"现象。20世纪70年代,英美等国将大量高端制造业转向了德日韩等国家,在20世纪90年代开始又把基础制造业大规模移向了以中国为主的发展中国家。这使得英美等国的国内呈现出"产业空心化"的特征,出现了彻底的"去工业化"现象,缺乏工业支撑导致国家面临的风险大大增加,由美国次贷危机引发的全球金融危机就是一个深刻的教训——当实体经济尚不足以支持第三产业持久发展繁荣所必需的工业基础时,"去工业化"就有待纠偏。

在这样的背景下,美国、英国和欧盟等一度"去工业化"的西方发达国家和地区开始重新审视实体经济与虚拟经济的关系,纷纷将"再工业化"作为重塑竞争优势的重要战略,制造业的地位再次受到重视。但此次"再工业化"的政策内涵却与以往的"工业化"不同,"再工业化"不再停留于以往重振、"回归"制造业的范畴,其实质是要发展以高新技术推进的高端先进制造业，实现制造业的升级，从制造业的现代化、高级化和清洁化中寻找增长点，以此奠定未来经济长期繁荣和可持续发展的基础。

在这样的背景下，数字孪生技术成为"再工业化"最为关键和基础性的技术之一。数字孪生作为连接物理世界和信息世界虚实交互的闭环优化技术，是推动制造业数字化转型、促进数字经济发展的重要抓手。目前，随着物联网、大数据、云计算、人工智能等新型信息与通信技术席卷全球，数字孪生得到越来越广泛的应用。其中，在智能制造领域，数字孪生被认为是一种实现制造信息世界与物理世界交互融合的有效手段。

数字孪生以数据和模型为驱动，能够打通业务和管理层面的数据流，实时、连接、映射、分析、反馈物理世界的行为，使加工制造业全要素、全产业链、全价值链达到最大程度的闭环优化，助力企业提升资源优化配置，有助于加快实现工艺数字化、生产系统模型化、服务能力生态化的速度。通过使用数字孪生技术，将大幅推动产品在设计、生产、维护和维修等环节的变革。可以说，基于模型、数据、服务方面的优势，数字孪生正成为制造业数字化转型的核心驱动力。

二、数字孪生制造应用的典型场景

数字孪生是一系列使能技术的综合应用。在产品全生命周期的不同阶段，有不同的主流技术应用于数字孪生。无论在研发设计环节，还是在生产制造环节，对于制造业企业的数字化转型来说，数字孪生都将起到越来越大的作用，成为智能制造的基石。

在产品的设计阶段，数字孪生可提高设计的准确性，并验证产品在真实环境中的性能。数字孪生的主要功能包括数字模型设计、模拟和仿真，可对产品的结构、外形、功能和性能（强度、刚度、模态、流场、热、电磁场等）进行仿真，在用于优化设计、改善性能的同时，也能降低成本。在个性化定制需求盛行的今天，设计需求及信息的实时获取成为企业的一项重要竞争力，可以及时反馈产品当前运行数据的数字孪生成为提升竞争力的关键。

从产生的价值来看，在研发设计领域，数字孪生能够提高产品性能、缩短研发周期，为企业带来丰厚的回报。可以预见，随着数字孪生的进化，大数据、人工智能、机器学习、增强现实等新技术进入研发设计阶段后，研发设计将真正实现"所想即所得"。

大数据系统会收集用户使用产品的反馈信息以及用户对产品的需求变化，这些动态的信息是数字孪生设计的输入信息；根据这些数据，人工智能技术自动完成产品的需求筛选；产品需求信息会传递给计算机辅助设计系统，越来越智能的计算机辅助设计系统建模将无须人工交互操作，直接实现虚拟建模；虚拟三维模型自动传递给智能计算机辅助工程仿真系统，实现快速性能评估，并根据评估效果进行产品优化；增强现实技术让研究人员能直接体验虚拟产品，测试产品功能和性能相关的各项指标；利用云平台和物联网，虚拟产品能直接到达用户桌面，用户可以直接参与产品的使用体验，给出反馈意见，形成新的需求信息。数字技术的融合将真正打造一个闭环的研发设计场景，不仅会动态优化产品的设计过程，使其更加贴近用户，还会大幅缩短产品研发的设计周期，支持制造业和服务业的深度融合。

在产品的制造阶段，数字孪生可以缩短产品的导入时间，提高设计质量，降低生产成本，加快上市速度。制造阶段的数字孪生是一个高度协同的过程，通过数字化手段构建起来的数字生产线，将产品本身的数字孪生模型同生产设备、生产过程等其他形态的数字孪生模型形成共智关系，实现生产过程的仿真、参数优化、关键指标的监控和过程能力的评估。同时，数字生产线与物理生产线实时交互，物理环境的当前状态作为每次仿真的初始条件和计算环境，数字生产线的参数经优化之后，实时反馈到物理生产线进行调控。

数字孪生技术能够帮助制造业企业优化产品的生产制造流程，通过满足制造业企业的生产需求，制定全方位的数字孪生服务，形成生产流程可视化、生产工艺可预测优化，远程监控与故障诊断在生产管控中高度集成，提升企业生产质量，提高对生产制造的管控水平。

此外，围绕制造业企业的数字化转型，数字孪生技术还能协助深化改革、技术改造和现代管理，促使企业数字业务化，以数据流带动技术流、资金流、人才流、物资流，实现降本增效。在设备方面，数字孪生将帮助企业提升设备管理运行效率、降低产品生产设备故障率、降低设备维护成本等。

可以说，数字孪生深入设计、生产、物流、服务等活动环节，贯穿产品的全生命周期，渗透到设备、车间、企业、产业链等各个层级，创造以产业升级、业务创新、全数字化个性化定制为导向的新的运营模式，摆脱旧商业模式束缚，推动新型生产模式和商业模式的演进，助力企业升级改造，为传统制造转型升级赋能。

随着企业数字化转型需求的提升，数字孪生技术将持续在制造业发挥作用，在制造业各个领域形成更深层次的应用场景，通过跨设备、跨系统、跨厂区、跨地区的全面互联互通，实现全要素、全产业链、全价值链的全面连接，为制造业带来转型变革。

三、降本增效，提质创收

对于整体制造业来说，数字孪生的本质是利用数字孪生技术开启价值创造新模式，即降本、增效、提质、创收。

从降低成本来看，数字孪生因其闭环双向的沟通能力，可以聚焦业务水平、管理机制、理念能力，帮助企业减少不必要的浪费，其所创造的价值具体表现在减少运维成本、减少故障损失、降低试错成本、减少资源浪费、降低能耗和用工量等方面。相应地，利用数字孪生技术，企业可以从深化改革、技术改造和现代管理等方面降本减负，创新企业运营模式，打造绿色发展的运营环境。

从提升效率来看，数字孪生为企业创造的价值可表现在优化资源配置、提高员工工作效率、提升柔性制造能力、优化业务流程、缩短产品交付周期和缩短产品研发周期等方面，可使企业聚焦长短互补，达到事半功倍的效果，推动企业释放更大的增值，重塑企业活力。因此，伴随着新生价值的创造，衍生了增效的价值理念：紧跟市场信息技术动向，升级改造信息网络，构建互联网生态网络；紧跟供给需求动向，打造高度协同的供应链，促使企业运营闭环高效。

从提升质量来看，围绕加工制造业设备的产品设计和制造质量，数字孪生系统能够帮助企业和用户全面追溯产品信息，以优化产品设计、降低产品使用的故障率、降低产品的返修率和次品率，提高对产品质量的管控水平。通过满足用户需求、给予用户全方位服务，企业最终可衍生出提质的价值理念：产业升级、业务创新，开启以产品个性化定制为导向的新的运营模式；提升自身竞争力，树立企业信誉，一体化服务于市场营销，维系企业与用户关系，打造产品全生命周期服务体系。

从创造收益来看，数字孪生能够帮助企业分析用户痛点需求，实现精准的用户洞察和市场洞察，助力企业改造升级。例如，在主营业务增长、全新市场策略、吸引投资、增加客户生命周期价值、单位产品增值和新的市场机会等方面为企业提供帮助。因此，面向以市场需求为导向的生产体系，数字孪生技术将助力企业衍生新的价值理念，摆脱旧商业模式束缚，突破生产、技术、服务瓶颈，打造新商业模式，并拓宽眼界、接触新兴技术，敏锐感知市场变动，赋予自身洞察新业务的能力。

第二节　汽车发动机装配虚实结合

一、应用背景

发动机是汽车领域技术密集的关键部件，如果在装配中出现质量问题，将直接影响驾驶安全。在传统汽车发动机的装配过程中，由于被装配零部件的多样性、工艺的烦琐性，汽车发动机装配往往存在低效且出错率高的情况。据统计，在现代制造中，装配工作量占整个产品研制工作量的20%～70%，平均为45%，装配时间占整个制造时间的40%～60%。

长期以来，机械加工与装配技术的发展并不平衡。一方面，与机械加工用的机床等工艺装备不同，装配的工艺装备是特殊的机械，其通常是为特定的产品而设计与制造的，因此具有较高的开发成本和开发周期，在使用中的柔性也较差，导致装配工艺装备的发展滞后于产品加工工艺装备。另一方面，装配具有系统集成和复杂性特征，产品装配性能是指受装配环节影响的部分产品性能，装配通常不仅要保证产品的几何装配性能，如装配精度包括相互位置精度、相对运动精度和相互配合精度等，有时还要保证其物理装配性能，如发动机转子的振动特性。装配问题的复杂性导致装配的工艺性基础研究进展与机械加工相比，也相对滞后。

并且，产品的性能通常需要设计、加工与装配等环节的共同保证，其中装配对产品性能有很大影响：相同的零部件，如果装配工艺不同，装配后的产品性能差异有时会很大；如果装配质量不好，即使有高质量的零部件，也会出现不合格的产品。

但随着机器学习、大数据、云计算和 IoT 等技术的快速发展，人们逐渐认识到仅从设计角度考虑产品装配的局限性，因此面向生产现场的装配过程仿真和装配规划技术也开始出现在汽车发动机装配的环节里。汽车发动机装配技术开始由数字化模型仿真为主的虚拟装配逐渐向虚实深度融合的智能化装配方向发展。其中，如何实现装配虚实空间的深度融合，是推动智能化落地的关键。

数字孪生通过集成新一代信息技术实现了虚拟空间与物理空间的信息交互与融合，即由实到虚的实时映射和由虚到实的实时智能化控制。基于此，将数字孪生应用在汽车发动机的装配中成为当前的重点研究方向。

二、案例特点

汽车发动机装配可以分为装配设计、装配过程和质量评估三个阶段，将数字孪生应用在汽车发动机装配方面，需要根据这三个阶段分别建立相对应的数字孪生模型，根据不同装配阶段所包含对象和功能的不同：在装配设计数字孪生模型中包含了零部件数字孪生和装配工艺孪生；在装配过程数字孪生模型中包含了装配操作数字孪生和设备数字孪生；

在质量评估数字孪生模型中包含了阶段评估数字孪生和综合评估数字孪生。

具体来看,在装配设计阶段,通过建立零部件数字孪生模型,在装配约束条件下进行装配工艺仿真,然后对发动机总成数模进行干涉检查,包括发动机本体零部件之间的静态干涉检查和运动部件的运动间隙检查,以及发动机总成与发动机舱中其他零部件之间的干涉检查。

对于不满足干涉检查和间隙要求的零部件,需要对装配过程进行分析验证,包括对装配顺序、安装工具和装配空间的可操作性进行分析,评估其对制造系统的影响。对于不满足要求的零部件进行装配工艺的调整,如果调整工艺后仍不满足要求,则需要分析零部件设计是否合理,并根据情况改进零部件设计,同时修改零部件数模,直到满足装配要求。

在装配分析的过程中,同步设计和验证装配工艺,得出满足装配质量要求的装配工艺。将装配工艺下达至装配车间,在实际装配过程中建立装配设备数字孪生模型和操作数字孪生模型,控制和监测实际装配活动。同时,建立装配质量评估数字孪生模型,对装配过程进行阶段和综合的装配质量评估,对于装配质量评估不合格的部分工艺进行多目标优化。

三、实施成效

在传统的发动机缸体单元装配方法中,装配设计阶段虚拟仿真得出的装配工艺是通过理想几何模型和理论数据产生的,无法正确指导实际装配过程,使得装配设计与装配过程脱节。在实际装配过程中,需要人工推算多道工序的预留公差,这给装配操作带来了极大的难度,且装配耗时较长,成功率较低。

利用数字孪生协同装配方法实现了不同装配阶段数字孪生的高效协同。在完成每道装配工序后，均可利用机器学习算法进行下一道或多道工序的装配质量预测和工艺优化，实现了装配过程的智能决策。

将传统装配方法与本方法进行对比，取 20 台发动机装配的实验结果，每一阶段的平均装配时间均有所减少，装配质量一致性均有所提高。同时，这种智能化装配方法还降低了装配过程的操作难度。

第三节　智能纺纱装备互联互通

一、应用背景

当前，国际经济形势正处于剧烈变化阶段，纺织产业作为我国国民经济的支柱产业和重要的民生产业，同时也是具有明显国际竞争优势的重要产业。在这样的背景下，国内纺织、化纤、针织、印染、制衣等领域的生产企业为应对复杂的发展形势，正积极主动地寻找适应产业升级、制造模式升级的新路径。

目前，我国纺织行业在纺织装备数字化、网络化及纺织车间信息化方面取得了显著进步，但在智能工厂发展方面仍面临模式创新不足、技术能力尚未形成、融合新生态发展不足、核心技术与软件支撑能力薄弱等问题。

基于此，数字孪生技术成为如何在现代传感技术、自动化技术、网络技术、拟人化智能技术等先进技术的基础上，通过智能化的感知、人机交互、决策和执行技术，实现设计过程、制造过程和制造装备智能化，打造真正的智能纺织工厂，实现智能纺织制造和生产的关键支撑技术。

基于数字孪生技术的智能纺织工厂参考模型、纺织关键设备信息模型、纺织工艺信息模型和智能纺织单元架构，将为建立适用于我国纺织领域的数字孪生技术、提升智能纺织生产与精益管理提供思路。

二、案例特点

纺织领域涉及机械、化工、自动化、环境和艺术设计等多学科知识，产品包括纤维、纱线、织物、纺纱制成品、纺纱机械、纺纱关键零部件等纺纱装备产品和纺纱生产管理、运维等环节。在领域不同、对象不同的情况下，应用数字孪生技术推进智能纺纱工厂建设，最重要的就是实现物理系统和信息系统之间的互联互通。

以智能纺纱工厂为例，首先，依据工艺流程将智能纺纱工厂分为清梳、并粗、细纱和络筒四个智能生产单元。随后，通过工业互联网技术将状态感知、传输、计算与制造过程融合起来，形成"感知—分析—决策—执行"的数据自由流动闭环，最终建立以单元为基础的智能纺纱工厂数字孪生模型。

智能纺纱单元数字孪生模型是智能生产设备之间互联互通的基础。参考国家标准 GB/Z 28821—2012《关系数据管理系统技术要求》和 GB/Z 32630—2016《非结构化数据管理系统技术要求》，结合纺纱工厂数据的具体存储形式，构建智能纺纱单元数字孪生模型，需要对纺纱装备互联互通信息模型进行规范，包括对车间数字化设备的互联互通信息模型进行规范定义，通过规范运行定义管理、执行管理和数据采集，实现生产运行数据、质量运行数据、维护运行数据和物流运行数据的互联互通。

为构建智能纺纱工厂内的信息流动规范，除规范设备互联互通的标准外，还应规范工艺信息标准，使车间全流程生产智能管控得以实现。

在国内外通用信息模型应用具体实例的基础上，参考国际技术规范 IEC/PAS 63088《智能制造——工业 4.0 参考架构模型》，构建智能纺纱工厂还需要对纺纱流程信息模型进行规范，包括对纺纱流程中涉及的纺纱车间生产计划与调度、纺纱工艺执行与管理、纺纱生产过程质量管理、纺纱生产流程管理和纺纱车间设备管理过程中的信息模型进行规范。

此外，智能纺纱单元是智能纺纱工厂的基础，也是实现纺纱全流程智能化管控的基础。纺纱工艺流程长，从抓棉、清棉、梳棉至络筒、打包有十几道工序，涉及几十种纺纱设备。根据纺纱工艺特点，将纺纱设备群分为清梳、并粗、细纱、络筒四个生产单元，每个单元均需有物理层、通信层、信息层和控制层。

三、实施成效

首先，通过在纺纱智能车间中依据工艺流程建设清梳、并粗、细纱和络筒四个智能生产单元的数字孪生模型，构成含有"感知—分析—决策—执行"的数据自由流动闭环，可为制造工艺与流程信息化提供数据基础和控制基础。通过单元内部资源优化，有望实现高效的车间资源优化，这也是建设智能纺纱工厂的基础。

其次，纺织生产设备需具备长时间连续稳定运行的能力，建设无人工厂更是纺织行业的发展重点。完善的纺纱单元数字孪生模型必须能够实现设备运行状态的预测，通过实时监测数据进行设备的故障诊断，进而提前规避风险，实施预防性维护，自动制订停产检修计划。

最后，通过各智能生产单元之间、生产单元与车间管理系统之间以及各单元内部的智能纺纱机械之间的互联，能够实现各层次信息的共享和数据传输以及物流和信息流的统一；通过建立车间数据模型支撑生产过程的自动化处理,以及提取生产单元的生产状况并采用大数据分析技术,能够为指导生产和优化工艺提供智能决策,真正实现纺纱工厂全厂管控一体化。

第四节　工业网络与设备的虚拟调试

一、应用背景

新生产系统的设计和实施通常耗时长且成本高,完成设计、采购、安装后,在移交生产运行之前还需要经历一个阶段,即调试阶段。如果在开发过程中的任何地方出现了错误且没有被发现,那么每个开发阶段的错误成本都将大大增加,未检测到的错误可能会在调试期间造成设备的重大损坏。而且,随着工艺要求和控制复杂度的增加,使得本来就很棘手的设备调试变得更加棘手,脱离了现场运行环境,机械、电气部件和自动化软件就得不到充分的调试,设备设计的正确性和有效性也得不到有效的保障。

可以说,调试阶段是工程师发现错误、修改设计、编写和优化程序,以及对操作人员进行新设备、新操作流程培训的一个阶段。这个阶段若不能顺利进行,不仅会造成延迟生产,还会造成成本超支,并可能导致延迟发货,降低客户满意度。基于数字孪生体对物理资产的准确表征,可以通过数字孪生对新网络或设备设计进行虚拟调试。

通过数字孪生进行虚拟调试时,如果发现问题需要进行设计优化,则可以在计算机上对虚拟的系统模型进行更改,虚拟调试允许重新更改网络规划以及重新编程机器人或更改变频驱动器、PLC(Programmable Logic Controller,可编程逻辑控制器)编程等操作。一旦重新编程,系统会再次进行测试,如果通过,则可以进行下一阶段的物理部署。通过虚拟调试实现对设备设计的仿真验证，缩短从设计到物理实现的时间；使用虚拟调试来提前测试设备运动部件以发现机械干涉，以及提前验证自动化PLC编程和人机接口软件，这样可以使现场的调试速度更快，风险更低。

二、案例特点

虚拟调试与过去的生产系统调试最大的不同在于"虚拟"。虚拟调试通过在虚拟世界中创建数字孪生体，然后模拟新网络或设备的功能测试和模型验证，就可以实现与物理世界中调试新网络或设备相同的规划、仿真和测试；通过虚拟环境中程序代码的测试和调试，可以发现设计问题并对解决方案进行快速评估；通过仿真新设备的产能，可以识别空间限制和对现有操作的影响，以便在安装前解决这些问题。

具体来看，对设备的虚拟调试，首先，了解设备的真实控制机理，分析每个运动在真实物理场景中所对应的控制信号，建立虚拟设备模型，创建及匹配相应的信号，并使用信号来控制运动模型的动作，仿真实际机械部件的运动情况，为后续的虚拟调试做基础。其次，通过数字孪生技术建立虚拟控制系统以及建立虚拟模型与虚拟控制系统的映射关系。最后，运行虚拟设备模型，查看程序控制的运动情况。通过虚拟设备模型的运动和控制逻辑仿真，验证设计的可用性，优化改进自动化模型、电气和行为模型，以及物料和运动模型，避免造成硬件资源的浪费。

三、实施成效

工业网络和设备的设计很难预测在生产和使用过程中会不会出现问

题，而虚拟调试带来的许多好处之一就是验证工业网络和设备设计的可行性。

虚拟调试允许设计者在物理设备生产之前进行任何修改和优化，因为用户在测试过程中可以修复错误，及时对自动化系统或机械设计进行改进优化，从而节省时间。虚拟调试将每个设计细节都验证好之后，就可以把这台设备做出来，随后，只要在物理设备上再做15%或者20%的少量软件优化，设备就可以正常运行。通过应用数字孪生技术，企业能够在实际投入物理对象（如设备、生产线）之前即可在虚拟环境中进行设计、规划、优化、仿真、测试、维护和预测等，在实际的生产运营过程中同步优化整个生产流程。

以明珞装备为例，其在以汽车车身制造为主导的高端装备领域大展拳脚，成为中国智能制造高端产品的代表，产品出口美国、欧洲、日本、东南亚、南非、阿根廷等国家和地区，服务于奔驰、宝马、奥迪、福特等全球头部企业。

明珞工业物联网智能服务平台（MISP）通过对信号的采集、收取、记录，获取每个零部件的性能状态及寿命，分析得到产能和改造需求下的最高效方案，以及可利用的设备和元器件，全面降本增效；MISP通过虚拟调试系统在规划、设计和调试阶段与客户交换数据并进行协调，将项目周期缩短了20%~30%，减少50%以上的工程现场调试时间，最终实现高效的柔性生产，提高企业核心竞争力。MISP让生产线不再是冷冰冰的设备，而是一个生命体，它的每一次"脉搏"都被系统及时记录，从而真实反映生产线的状态，大幅度减少企业投资和降低综合制造成本，促进企业转型升级，提升市场竞争力。

第三章　数字孪生+智慧交通

第一节　数字孪生成就未来交通

在城市化进程中，交通是经济社会发展的命脉。如今的交通方式相比从前已经发生了巨大变化，无论是出行方式的多样性，还是出行的便捷度、舒适度、安全性，都得到了全方位的提升。但事实上，人们依旧面对道路拥堵、停车困难、交通事故频发等诸多问题。随着人们对交通出行的稳定性、安全性、便利性的要求越来越高，具有实时性、闭环性的数字孪生技术赋能智慧交通，成为未来交通发展的新方向。

2019年，交通运输部印发《数字交通发展规划纲要》，提出建设数字化的采集体系、网络化的传输体系和智能化的应用体系，囊括了数据采集、数据治理、数据传输和数据应用；《交通强国建设纲要》中也提及了数字化、网络化、智能化的内容。在政策支持和多方的引导下，数字化的升级改造深入整个交通行业，数字孪生相关技术的应用越发繁多，交通发展迈入数字交通新阶段。车路协同、自动驾驶、智慧高速等智能交通技术掀起了数字孪生应用热潮，衍生出行业发展新趋势。

一、交通为什么需要数字孪生

交通拥堵、行车难、停车难、公共出行不准时等问题，不仅让普通的交通参与者头疼，还一直是困扰交通管理部门的重点民生问题。

交通参与者大多经历过这样的事情：在道路拥挤的路段，刚在交警的指挥下通过了拥堵的路口，没行驶几分钟，就又到了另一段平时并不拥堵，因其他道路疏通的影响而变得严重拥堵的道路上。

这就体现出当前交通管理中存在的主要问题，应用离散化、信息孤岛化对交通问题的处理相对单一且割裂，难以顾及交通运输的整体性。智能交通兴起于此，在项目建设和运营过程中，更加注重交通数据和系统的互联互通，强调整体解决方案的质量和效果，数字孪生进入交通领域，正好弥补了交通管理和控制的不足。

具体来看，数字孪生体是以数字化方式创建物理实体的虚拟实体，是借助历史数据、实时数据和算法模型等，模拟、验证、预测、控制物理实体全生命周期过程的技术应用。在道路交通中应用数字孪生技术，不仅可以实现物理实体的虚拟化映射，利用多种传感器和网络通信技术，还可以实现对道路基础设施生命周期的动态监测，以及路面上交通参与者的精准还原，并依据交通行为判断和预测可能存在的交通事件和事故风险，依据交通状态分析道路的通行状况，为道路通行诊断和交通管理决策提供精确依据。

其中，数字孪生的核心就在于将物理道路、基础设施和交通目标全部转化为带有特征信息的数字，从而形成供机器自动读取和识别的语言。在该基础上，我们可以获取道路和设备全生命周期的状态过程，并将含有位置、速度、角度、轮廓、类型的交通参与目标直接提供给计算单元读取，自动判别目标行为。

区别于传统视频监控，数字孪生体的立体多维不受光线条件的影响，可最为直观全面地了解实时交通状态，灵活切换任意视角，迅速查看交通事件发生的情况，从路网的交通态势到微观车辆的行为，都可一目了然。

　　数字孪生叠加机器自动识别读取，可以极大提高交通管理的效率，识别到交通异常时可自动报警并评估对道路通行的影响规模，通过分析交通态势自动下发应急预案，人工只需要二次确认事故并确认处置方案，较传统交通管理模式更为便利、高效。叠加极低时延网络，数字孪生对于微观交通行为的预测，可以依据交通参与者的空间位置、速度、方向等判定碰撞可能性并为车辆或行人提供预警。叠加精准数据分析，数字孪生也可以为交通管理策略、交通应急处置预案优化提供更精准的依据，并不断优化和支撑数据分析。

二、道路被重新定义

　　交通系统具有时变、非线性、不连续、不可测、不可控的特点。在过去缺少数据的情况下，人们只能在"乌托邦"的状态下研究城市道路交通。但随着即时通信、物联网、大数据以及数字孪生等技术的发展，数据采集全覆盖、解构交通出行逐渐成为可能，数字孪生技术可以从多个方面赋能智能交通，以满足未来出行的需求，一场交通系统的革命已经到来。

　　首先，通过数字孪生可以实时采集数据、同步交通运行可视，为交通模型推演提供试验空间，完成数据的驱动决策。智慧高速就是数字孪生建设和应用的热点之一。其中，全天候通行系统又是当前智慧高速基于数字孪生技术建设的重点应用之一。部分企业利用数字孪生技术，建设全天候通行系统：通过车路两端布设的传感器，将车辆、道路的数据信息进行实时收集并经过数字孪生技术处理后，结合车道级的高精度地图将最终的效果实时呈现在车端OBU（On board Unit，车载单元）显示屏上，辅助驾驶人员了解车辆行驶的道路情况和周边过车情况，从而保证车辆在雨雾天气能够正常通行。除此之外，车辆行驶过的道路信息还将同步上传至数字孪生可视化平台，帮助交通管理人员对道路环境做出预警判断。

其次，基于真实数据和模型的数字孪生技术，可以提升智能驾驶的安全稳定性，从而加速智能驾驶更安全地落地和推广。数字孪生可以通过搭建与真实世界1:1的数字孪生场景，还原物理世界运行规律，满足智能驾驶场景下人工智能算法的训练需求，大幅提升训练效率和安全度，提升智能驾驶试验精度。例如，通过采集激光点云数据建立高精度地图，构建自动驾驶数字孪生模型，完成厘米级道路还原，同时对道路数据进行结构化处理，变为机器可理解的信息，通过生成大量实际交通事故案例，训练自动驾驶算法处理突发场景的能力，最终实现高精度自动驾驶的算法测试和检测验证。

最后，城市区域路面复杂，交通流量变化大，准确量化城市交通动态画像是现代交通的难点。数字孪生可通过对全要素数据汇聚进行城市画像，实现对城市交通动态的洞察，构建交通仿真的数字孪生可视化与交互系统"一张图"，再现中观和微观的交通流运行过程，支持交通仿真决策算法研发，为拥堵溯源等交通流难题提供可靠的工具，为管理者提供可靠的决策依据。交通系统平台具有数据融合对接、基础设施云平台、大数据中心、车路协同业务监督管理等功能，打造规范化、系统化、智能化的智能网联业务应用展示中心以及监督管理运营中心；主动自动化预判和识别风险，最大限度地降低运营安全隐患，也就是实现所谓的"车路协同"。

三、智慧交通的未竟之路

当然，数字孪生作为智慧交通的前沿趋势，方兴未艾，纵览当前基于数字孪生的项目规划和建设，车路协同、自动驾驶、智慧高速、交通路口等领域均已有试点项目或实际项目落地，但距离真正的全局管理、同步可视、虚实互动的数字孪生交通系统仍存在一定差距。

首先，当前数字孪生的建设和发展还不明确，应用场景较为单一且不够深入，缺乏建设推进的目的性。各交通细分领域都有展开基于数字孪生的项目规划和建设，但在初期的规划和设计方面，依旧停留于解决单个场景下的交通问题，对具体应用场景下的交通问题解决得不够深入，缺乏对道路交通的整体性规划，并且对建设最终的呈现效果没有目的性。

可以说，数字孪生在交通领域的应用还处于初级阶段，各专业领域的算法、模型有待进一步研发，成熟度不高，因此孪生场景与实际动态交通之间的互动还不够，数字空间的模拟仿真、态势预测价值远未释放，不少应用最终变成传统信息化建设项目。

其次，数字孪生在交通领域缺乏明确的建设标准和规范。数字孪生的建设是涵盖整个行业领域的综合性项目，但归结于现实世界，因领域不同，项目背后的需求责任方也不尽相同，常出现对同一区域的重复建设，而应用数据和系统构架的项目建设标准和规范也不统一，在后续的项目协同处理和整合应用上会出现以谁为准进行统一的问题。

例如，城市建设至少存在三张底图，即住房与城乡建设系统推进的城市信息模型平台、自然资源与国土规划主导的时空大数据平台、以公安和执法为主导的城市安全和综合治理地图，三者均自成体系，一般仅支撑本系统内应用，不能随时按需支持其他系统的工作，系统中的数据积淀时间较久，很难放弃也很难整合。

当前，在空间维度上，针对各层级模型与数字孪生的可组合性、综合孪生、混合孪生等，需要对功能、接口、集成、互操作性等建立标准规范。在时间维度上，针对数字孪生的动态更新、基于数字线程实现全生命周期的数字孪生等，需要对全生命周期的模型传递、数据集成等建立相关指导性标准规范。在价值维度上，则需要基于优化目标、增值服务等核心需求，聚焦关键对象的数字孪生，提供相关指导性标准规范。

最后，数字孪生的关键技术依然存在技术桎梏，亟待技术的创新突破。数字孪生诞生于先进学科技术的爆发式发展，依赖于多种感知手段的快速发展。但当前数字孪生所涉及的新型测绘、标识感知、协同计算、全要素表达、模拟仿真等多项关键技术的自身发展和融合还有待加强，海量数据加载技术、云边计算协同技术、模拟仿真技术等成熟度也有待提高，人工智能、边缘计算对动态数据的快速分析处理能力也有所不足。特别是近年来，尖端技术产业包括交通感知产业，在"缺芯"的影响下，更加感受到了国外掌握的关键技术和产品对行业发展的限制，对关键技术的研发和突破的需求日渐增多。

显然，基于数字孪生技术的智能交通协同发展是大势所趋。未来，随着车辆自主控制能力的不断提高，最终将实现完全自动驾驶，进而改变人车关系，将人从驾驶中解放出来，为人在车内进行信息消费提供前提条件。车辆将成为网络中的信息节点，并与外界进行大量数据交换，进而改变车与人、环境的交互模式，实时感知周围的信息，衍生出更多形态的信息消费。

同时，道路将被重新定义，未来的道路将是智能化的数码道路，每一平方米的道路都会被编码，用有源射频识别技术和无源射频识别技术来发射信号，智能交通控制中心和车辆都可以读取到这些信号包含的信息，而且通过射频识别可以对地下道路、停车场进行精确定位。

依据科学技术发展的趋势,未来的道路交通系统必然会打破传统思维,侧重体现人类的感应能力,车辆智能化和自动化是最基本的要求,因交通事故导致的人员伤亡事件将很难见到,路网的交通承载能力也会大幅提升。当然,这一切得以实现的基础,是确保通信高速、稳定、可靠。

届时,更为先进的信息技术、通信技术、控制技术、传感技术、计算技术会得到最大限度的集成和应用,人、车、路之间的关系会提升至新的阶段,新时代的交通将具备实时、准确、高效、安全、节能等显著特点,智能交通系统必将掀起一场技术性革命。但在那之前,数字孪生仍需脚踏实地,冲破现实的关卡和困境。

第二节　数字孪生天津港

一、应用背景

智慧港口作为现代港口运输的新业态,已成为全球港口创新转型的共识。2021年10月17日,历时21个月建设的天津港北疆港区C段智能化集装箱码头正式投产运营。

数字孪生天津港,充分利用可视化、物联网、模拟仿真等技术,依托三维模型构建港口的仓库、堆位、罐区、集装箱、货架、船舶等,实现逐级可视可控;以出入库作业、资产监控可视化为重点,集成视频监控、码头泊位、堆场管理、仓库管理、罐区管理等系统,构建港口的三维展示、监控、告警、定位、分析一体化的三维可视化平台,实现数据的全面集成、信息直观可视、预警实时智能、处置规范高效,为天津港智能管控中心实现扁平化、集约化运作发挥强大的作用。

二、案例特点

首先，数字孪生天津港通过建筑信息模型、三维地理信息系统、大数据、云计算、物联网等先进数字技术，搭建港区三维仿真场景，同步形成与实体港口"孪生"的数字港口。整合港口所有的基础空间数据、现状数据、规划成果等信息，形成数据完备、结构合理的统一数据服务体系，在数字空间实现合并、叠加，实现港口从规划、建设到管理的全过程、全要素、全方位的数字化仿真和可视化展示。

其次，数字孪生天津港结合船舶、堆场、交通、气象以及物联网的设备和摄像头等，通过三维可视化平台展示港区全要素的实时动态，通过鼠标等交互控制方式，实现在仿真场景中的视角移动、旋转、缩放等操作，并支持查看船舶、业务板块、具体码头公司的信息，可以帮助调度指挥人员准确、实时、全面监测和掌握全港生产作业信息，实现对设备的预测性维护、基于模拟仿真的决策推演以及综合防灾、应急处置的快速响应。

再次，数字孪生天津港实现了对港口的三维实景仿生的可视化展现，得以实时接收港口各子系统传回的数据信息，并能对其进行梳理、储存、分析、呈现，总揽全局，协调各方。当分析出数据有异常时，可以智能化识别问题所在，并给出参考解决方案，及时告知相关负责人员进行处理。管理人员能同时打开多路前端摄像头，实时掌握港口各部门的详细情况，并能实现对各环节的远程操作、远程传话和调度控制，从而加快推动天津港数字化转型，提升港口运营效率。

最后，通过虚实融合数据驱动，数字孪生天津港提供了全景视角、港口多维度观测和全量数据分析，对港口发展态势提前推演预判，以数据驱动决策、仿真验证决策、线上线下虚实迭代，促进资源和能力的最优配置以及科学决策。利用全港地形的三维仿真场景、实施堆场作业和船舶位置数据，展示白天和夜间巡航交接班业务所关注的天气、潮汐、环境因素，实现重点物资、重点船舶进出航道的智能操控。

三、实施成效

天津港聚焦基础建设，增强港口信息基础设施综合服务能力。推进5G与北斗技术的融合应用，在装卸设备远程操控、无人集卡车路协同、集装箱智能理货等方面率先实现码头生产全流程的常态化应用，成功入围国家首批"新型基础设施建设工程"。

天津港聚焦港口生产，提升设备自动化和智能化水平：攻克自动化岸桥陆侧"一键着箱"、无人集卡自动引导、地面智能解锁站等多项核心技术，引领行业发展新潮流。

天津港聚焦企业运营，研发行业领先的企业综合管控系统：成立沿海港口中首个全级次、全业态、全功能的"业财资税"财务共享中心，实现对人事、财务、资产、项目、决策等企业运营全要素的一体化管控，提升企业管理效能。

天津港聚焦对外服务，全面提升贸易物流便利化水平：搭建"关港集疏港智慧平台"，加大"船边直提""抵港直装"等作业模式在天津口岸的推广力度，促进物流企业降本增效，助力提升口岸的通关效率。

总的来说，天津港成功运用互联网、大数据、人工智能等新技术，与港口各要素深度融合,基于数字孪生技术,实现了智慧港口的高精度仿真、全要素监控、精细化管理、智能化交互,基于虚拟控制现实,实现了远程调控和远程维护,使调度指挥人员能够对航道、锚地、所有泊位的作业资源进行智能化调度,大幅度提升了全港的作业效率,优化了各流程环节,港口装卸运载效率提升了30%,对本地经济的引擎作用进一步得到了凸显。

第三节 川藏铁路之"数字天路"

一、应用背景

在新铁路的规划、设计和施工期间或进行重大升级时,工程数字孪生模型可以根据运营要求进行优化设计,并通过模拟来降低工期延误或施工不合规的风险。工程数字孪生模型还可以改善供应链内的物流和沟通效率,从而维持项目的进度和预算。在运营期间,性能数字孪生模型将成为最有价值的工具。基于数字孪生技术,运营商可以将来自物联网互联设备(如可以进行持续勘测、以实时跟踪现实环境中的资产变化的无人机)的数据添加到数字化表示中,从而更深入地了解运营状况,这有助于业主和运营商确定维护或升级的优先级并对其进行相应改进。

因此,如果成功实施数字孪生模型技术,铁路或交通运输系统可以实现其最大价值。通过使用数字孪生模型来规划、设计和建设网络,以及在运营期间利用数字孪生模型,铁路或交通运输主体将能够提升性能和可靠性。

基于此,西南交通大学朱庆教授团队在智能川藏铁路的探索中,建立了川藏铁路实体要素分类体系,并对每个实体要素进行编码,赋予其唯一的、无歧义的身份标识,实现川藏铁路多维动态时空信息与实体要素之间的精准映射,为数字孪生川藏铁路建设奠定坚实的基础,进一步打造"数字天路"。

二、案例特点

数字孪生是川藏铁路信息化的主要标志,也是建设智能川藏铁路的新途径,更是其高标准、高质量、可持续建设与安全运营必不可少的先进模式。在数字孪生川藏铁路的探索中,以"建筑信息模型+地理信息系统"为核心的数字孪生川藏铁路实景三维空间信息平台(以下简称平台)研发是实现川藏铁路数字化的关键一步。

平台是数字孪生铁路全生命周期精准映射与融合协同的关键基础支撑,也是"智能铁路大脑"的神经中枢,通过"数据—模型—知识库"的综合集成管理,旨在实现多模态感知信息的实时接入与融合分析,提供多层次、多样化、高效灵巧的空间信息智能服务,支撑川藏铁路勘察、设计、施工、运维全生命周期中多层级、多样化业务的有机协同管理。

在川藏铁路智能勘察方面,平台形成对复杂环境信息的感知能力,可将野外勘察工作转移到室内虚拟平台上,开展地质判别、地质灾害识别、野外勘测等工作,直接提升复杂环境下铁路勘察的信息化水平,克服野外勘测困难、工作效率低、成果质量难以保证等问题,从而提高勘察精度,保证工作质量,大幅减少现场外业工作量,提升复杂环境下铁路勘察的信息化水平。

在川藏铁路智能设计方面,平台通过构建大范围高精度、易感知、可交互、可计算的实景三维模型，进行地上、地下地理环境充分集成表达，跨专业信息的实时汇聚、深度融合与综合分析，有助于提升对复杂场景的快速准确理解，克服二维抽象表达的场景不直观、可计算性差、可交互性弱等不足，提高多要素的快速准确关联与认知效率，实现多层次、多专业的一致性理解，支持复杂环境多专业、智能化协同设计，避免重要设计方案的遗漏，提高设计的准确性。

在川藏铁路智能施工方面，平台通过对建筑信息模型和三维地理信息系统模型的集成管理，实时接入施工现场人员、机械、监测点的多源传感器数据，进行多源数据融合的施工进度智能识别，突破铁路建造智能预测预警关键技术，对现场的施工情况、安全风险等进行信息化管控，实现工程进度、质量安全、三维技术交底等方面的动态集成和可视化管理，提高复杂艰险环境下的施工效率，降低施工过程中的安全风险。

在川藏铁路智能运营方面，平台通过实时接入川藏铁路立体化动态监测数据，进行分布式存储、动态计算、分析与可视化，拓展在自动驾驶、故障预测、健康管理、灾害隐患识别与风险防控等方面的深度应用，建立基于用户画像的智能推荐服务体系，提高铁路应用服务水平，为川藏铁路提供更安全可靠、方便快捷、温馨舒适的运营服务。

三、实施成效

过去，川藏铁路沿线地形地质复杂、气候条件恶劣、生态环境脆弱、人迹罕至，是人类迄今为止建设难度最大的铁路工程。而数字孪生铁路实现了现实世界中的铁路实体在计算机数据库中的映射，可实现川藏铁路全域范围内人、机、物三元空间融合。

体系完整的数字铁路与丰富的三维地理环境的结合，组织普适性的空间数据库，使得数字铁路工程具备广泛的应用活力，从而为智能铁路的实施提供了数字载体。从设计源头利用三维线路设计系统构建数字铁路产品，可接入各种监控监测系统，实现大场景下整条铁路生命体的全生命周期可视化管理与业务应用，也可以跨平台将数字铁路产品发布到网络端、移动端、增强现实/虚拟现实端，形成更广泛的数字化、智能化业务集成应用格局，可以为面向铁路全行业设计、建造、运维、管理的全生命周期提供业务智能定制服务。

第四节 西安智慧交通平台

一、应用背景

私家车数量的与日俱增直接造成了城市道路的高频拥堵，交通拥堵的地方发生事故的频率也相对较高，严重影响了人民的生命财产安全。显然，城市交通严重拥堵的问题是与智慧城市的理念相悖的，可以说，如果城市交通严重拥堵的问题不改善，那么智慧城市的理念也很难实现。

造成这些问题的原因，除汽车数量过多外，还有部分道路建设不合理、高峰期缺乏对车辆的宏观调控。如何制定城市交通拥堵问题的解决方案，在现实世界中非常困难。而在数字孪生技术塑造的场景中可以做成百上千种测试，让每一辆车、每一条路，甚至很多车道线设计、转向设计可以在模拟器内测试，跑出最优解，然后再回到现实世界中去实施。

"西安交警互联网+路况大数据平台"（以下简称西安智慧交通平台）就是将数字孪生与交通管理业务相结合形成的项目。此项目集中融合了普通电子地图、高精度道路地图、三维模型地图、多源交通信息、天气、122警情、视频、微信等各类基础数据。这些数据的来源渠道、规格和形式不同，所有数据源都通过平台的DataHIVE数据蜂巢具备的数据集成融合能力进行汇聚、清洗、分类、处理和分布。

在交警管理的各个业务领域，通过平台提供的MineMap（位置大数据可视化平台）将所有数据以直观、形象的形式在可视化大屏中集中体现，以数字孪生城市的基础空间数据为数字基座，在一个大屏上发布和展示各个业务端的应用成果和反馈信息，并可利用仿真结果进行动态交通流控制方案的对比，对道路信号控制、智能诱导、线路进行规划，对卡口控制分流、后期道路流量预测等进行拥堵管控服务和管理。

二、案例特点

首先，基于数字孪生可以实现将多种交警管理的业务数据以统一平台的形式进行接入、融合与处理。平台中的多种类型的数据探针能够快速对接不同数据源，实现非侵入式的数据汇聚，不修改数据的原始状态，只感知数据的变化情况。这些数据源既包括常用的标准业务数据，如122接警数据、出警业务数据，也包括互联网下的非结构化数据，如微信方式反馈数据，还包括一些流式的动态数据，如路况数据与交通事件（事故、施工、灾害等）数据。通过平台的数据汇聚能力，整合各类业务相关数据，并对数据按照通用的模型进行校准补齐，构建完整的数字化交通形态，实现全息数据融合感知。

其次，在数字孪生交警管理平台上进行全方位、多角度、立体化的交警管理业务数据功能展示。通过平台自带的矢量对象、热力、航线、飞行、粒子等可视化模型和渲染算法,能够实现针对丰富多元的交通要素进行高效、逼真的可视化表达,通过可视化的方式实现业务场景的展现。

最后,通过针对融合路口、视频、卡口、信号灯数据,对道路和路口进行精细化管理与动态评价。通过交通路口精细化管理实现了帮助交通管理者掌握道路路口的情况;通过接入交通要素数据,以动态精细化方式刻画路口交通的运行情况,针对路口信号评价和优化提供建议,同时能够提供全时序的路口治理前后数据报告。

三、实施成效

西安智慧交通平台让交警管理业务能够做到集成化、规范化、可视化、扁平化、协同化,极大地提高了交警业务领域的科技化、智慧化能力。多源数据融合处理及统一发布实现了在交警领域的数据"跨界"融合所形成的价值,提高了交警管理的精细化水平。

此次项目的实施实现了基础地理信息数据、动态交通数据、业务数据和基础设施数据的大范围融合。截至 2020 年 3 月,项目建设共接入数据总量 550 亿条,结构化数据存储空间 5 TB。并且,通过数据感知和可视化指挥调度,西安智慧交通平台实现智能视频分析日均发现 100 例、拥堵指数异常报警日均 200 例,警情发现能力提升 30%。

此外,合理的模拟仿真推演为改善和优化道路交通的通行能力、提升交警管理质量提供了非常大的帮助。项目通过优化路口模拟仿真,提高了城市的交通规划、建设和管理水平,也提高了城市道路交通的预测能力,使车辆驾驶人员和出行者了解当前道路的交通情况,避开拥堵路段,缓解道路交通拥挤状况,解决了城市重点路段拥堵"老大难"问题,为政府、行业、企业和公众提供所需的综合交通信息、引导出行者的合理交通行为、优化交通运输结构提供技术支持，实现了交通运输流程再造和创新，提高了群众满意度，降低了投诉率。例如，西安市明光路—纬三十街路口长期拥堵，通过路口交通秩序优化改造，明显提升了通行能力。

第四章　数字孪生＋智慧城市

第一节　数字城市的升级之路

城市作为人类聚居的主要载体之一，是人类经济、政治和精神活动的中心，城市的高度集聚功能能够吸引区域的人口和其他经济要素，而城市的高度扩散功能又能够对区域产生强烈的经济辐射作用。

然而，直到今天，城市发展还存在诸多问题，现实状态证实了传统的发展模式越来越不可取，以信息化为引擎的数字城市、智慧城市成为城市发展的新理念和新模式。基于此，作为国计民生的重要载体，城市必将是数字孪生技术最重要的服务领域之一。目前，数字孪生已经从制造领域逐步拓展应用至城市空间，深刻影响着城市规划、建设与发展。

一、建设数字孪生城市

数字孪生城市是与物理城市一一映射、协同交互、智能互动的虚拟城市。

数字孪生城市是融合运用多种复杂综合的技术体系，建立起的能感知物理城市运行状态的数字城市模型。利用数据闭环赋能体系，在精准感知城市运行状态和实时分析的基础上，模拟科学决策，智能精准执行，反向操控物理城市，实现对城市的模拟、监控、诊断和管理，降低城市运行状态的复杂性和不确定性，优化城市规划、设计、建设、管理、服务等过程。数字孪生城市强调全域感知和实时交互，这也是其与传统城市 3D 模型的不同之处。在精准感知、分析现实城市在一段时间内的运行状态的基础上，依靠大数据算法、人工智能等技术手段即可制订符合城市情况的管理决策。

具体来看，建立数字孪生城市，需要先对城市进行三维信息模型构建，然后进入数字世界与物理世界的互动阶段并真正实现智慧城市。

城市信息模型（City Information Modeling，CIM）包含了建筑信息、地理信息、新型街景、实景三维等方面的要素。建筑信息模型（Building Information Modeling，BIM）是 CIM 的重要组成部分，包括建筑控制、消防管道、结构单元、结构分析、供热通风、电气、施工管理等方面的信息，用于建筑物运行维护以及相关市政工程规划。

事实上，基于数字孪生技术建立的城市信息模型是智慧城市的重要基础，其核心是围绕全域数据的端到端管理运营，包括数据采集、接入、治理、融合、轻量化、可视化、应用。这一核心是实现信息资源共享、整合、有效利用和跨部门业务协同的根源性解决方案。

城市进行数字化后，就进入了数字世界与物理世界的互动阶段。通过物联网技术，依据城市市政、交通、社区、安防等领域需求，为城市安装布置充足的传感器和摄像头等数据采集设备，进行动态、准确的数据采集。

而依据城市数字孪生体做出的决策指令，能够反作用于城市物理空间。例如，疏解交通拥堵的指令能够及时传递到城市交通指挥系统，污染减排控制措施能够及时传递到交通限行、厂矿限产、医疗预备等现实领域。基于物理模型和仿真，数字孪生城市得以预测未来，并且随着实体数据的搜集，依据同步速率进行收敛。

实体城市在虚拟空间的映射是数字孪生城市的本质所在，也是支撑新型智慧城市建设的复杂综合技术体系，更是物理维度上的实体城市和信息维度上的虚拟城市的同生共存、虚实交融的城市未来发展形态。

数字孪生城市具有精准映射的特性，即能够通过空中、地面、地下、河道等各层面的传感器布设，实现对城市道路、桥梁、井盖、灯杆、建筑等基础设施的全面数字化建模，以及对城市运行状态的充分感知、动态监测，形成虚拟城市在信息维度上对实体城市的精准信息表达和映射。

此外，城市基础设施、各类部件建设都留有痕迹，城市居民、来访人员上网联系即有信息。在未来的数字孪生城市中，在城市实体空间可观察各类痕迹，在城市虚拟空间可搜索各类信息。城市规划、建设和民众的各类活动，不但在实体空间，而且在虚拟空间也得到了极大扩充，虚实融合、虚实协同将定义城市未来发展的新模式。

最终，数字孪生城市的建设将从多角度赋能城市综合管理。数字孪生融合了多种新型信息技术，以平台化的思想打通技术孤岛，赋予城市全域感知、信息交互、精准管控等功能，整体提升了城市的综合运行水平。

二、在数字孪生城市实现以前

数字孪生城市是在城市累积数据从量变到质变，以及感知建模、人工智能等信息技术取得重大突破的背景下，建设新型智慧城市的一条新兴技术路径，是城市智能化、运营可持续化的先进模式。然而，面对当前城市管理中的众多挑战，传统城市想要突破运行模式的禁锢，逐步转变升级为数字孪生城市，依旧面临诸多问题。

首先，数字孪生城市的核心就是模型和数据，建立完善的数字模型是第一步，而加入更多的数据是关键所在，从孤立的数据集到来自各个渠道的数据整合，从单一领域的解决方案到各个领域的统一解决方案，数据将直接影响数字孪生城市发展的广度和深度。而当前传统城市各领域仍存在数据割裂的问题。与此同时，要想充分发挥数字孪生技术的潜能，数据存储、数据准确性、数据一致性和数据传输的稳定性也需取得更大的进步，同时，将数字孪生应用于工业互联网平台，还面临数据分享的挑战。

在数字孪生工具和平台建设方面，当前的工具和平台大多侧重某些特定的方面，缺乏系统性考量。从兼容性的角度来看，不同平台的数据语义、语法不统一，跨平台的模型难以交互；从开放性的角度来看，相关平台大多形成了针对自身产品的封闭软件生态，系统的开放性不足；从模型层面来看，不同的数字孪生应用场景，由不同的机理和决策模型支撑，在多维模型的配合与集成方面缺乏对集成工具和平台的关注。

其次，从数据中挖掘知识，以知识驱动生产管控的自动化、智能化，是数字孪生技术应用研究的核心思想。数据挖掘技术可应用于故障诊断、流程改善和资源配置优化等领域。将挖掘得到的模型、经验等知识封装并集成管理也是数字孪生技术的关键内容。这对数字孪生城市的互动具有重要作用，例如，市政数字孪生体基于数据挖掘技术能够根据当前地下给排水管网设施数据、城市历史水涝数据和历史气象数据推演出未来可能发生的城市水涝强度和地下管网规划优化方案。

但现阶段，数字孪生系统层级仍面临数字化、标准化、平台化缺失的困境，标准化的知识图谱体系尚需探索。知识内化的数字化不足，导致基础数据采集困难，进而后期从数据提炼、分析到产生知识的结果欠佳。

最后，数字孪生以仿真技术为基础，实现了虚拟空间与物理空间的深度交互与融合，其连接关系则建立在网络数据传输的基础之上。数字孪生的应用意味着封闭系统向开放系统转变，而在其与互联网加速融合的过程中势必面临网络安全挑战。例如，在数据传输过程中存在数据丢失和网络攻击等问题；在数据存储方面，由于数字孪生系统在应用过程中会产生和存储海量的管理数据、操作数据和外部数据等，这些数据可以存储在云端、生产终端和服务器上，任何一个存储形式的安全问题都可能引发数据泄密。

此外，在数字孪生城市系统中，往往需要实现自组织和自决策。但是，由于虚拟控制系统本身可能存在各种未知的安全漏洞，易受外部攻击，导致系统紊乱，致使向物理执行空间下达错误的指令。

尽管目前数字孪生城市的发展还处于初步阶段，但可以预见，在数字孪生穿越了所有技术障碍、突破客观环境的桎梏后，数字城市和现实城市终将实现"虚实结合"的同步建设，建成"虚实互动"的数字孪生城市。

第二节　虚拟新加坡

一、应用背景

2014年，新加坡政府宣布，将耗资7300万新币（约合3亿元人民币），用于研发新加坡3D城市模型综合地图"虚拟新加坡"，推动新加坡发展智慧国的愿景。具体来看，"虚拟新加坡"是一个动态的三维城市模型和协作数据平台，包括新加坡的3D地图，是供政府、企业、私人、研究部门使用的权威3D数字平台。"虚拟新加坡"也是一个包含语义及属性的实景整合的 3D 虚拟空间,通过先进的信息建模技术为该模型注入静态和动态的城市信息数据。

"虚拟新加坡"覆盖 718 平方千米的土地,拥有 500 万～660 万人口、16 万幢建筑物、5500 千米的街道,于 2014 年至 2016 年 1 月完成城市空间初步数据采集,包括地理信息和城市设施,如公交站、路灯、交通信号灯、高架桥等。

"虚拟新加坡"得到了 NRF(新加坡国家研究基金会)的资助,并由 SLA(新加坡土地管理局)和 GovTech(新加坡政府技术局)推出。NRF 领导项目开发,而 SLA 将通过 3D 地图数据提供支持,并在"虚拟新加坡"建成后成为其运营商和所有者。GovTech 根据项目要求提供信息和通信技术及其在管理方面的专业知识,其他公共机构在各个阶段参与"虚拟新加坡"建设。

二、案例特点

顾名思义,"虚拟新加坡"最大的特点就是"虚拟",当然,"虚拟新加坡"虽然虚拟,但是却具有可实现的具体应用。"虚拟新加坡"使来自不同领域的用户能够开发复杂的工具和应用程序,用于概念测试、服务、规划决策及技术研究,以解决新加坡面临的复杂挑战。

在合作与决策方面,"虚拟新加坡"的用户能利用不同公共部门收集的图形和数据,包括地理、空间、拓扑结构以及人口统计、气候等实时数据,打造丰富的可视化模型并大规模仿真新加坡的真实场景。用户能以数字化的方式探索城市化对国家的影响,并开发相关解决方案,如与环境优化、灾难管理、国土安全和社区服务等有关的后勤、治理和运营活动。

"虚拟新加坡"集成了各种数据源,包括来自政府机构的数据、3D模型、来自互联网的信息以及来自物联网设备的实时动态数据。该平台允许不同的机构共享和查看同一区域内各个项目的计划和设计。例如,"虚拟新加坡"可以根据当前和未来市政工程的规划提供一个可视化景观,这有助于相关机构相互协作,以协调各自的工程并优化整体设计;可以在新设施周围建立通路,以在改扩建工程期间重新定向人流和交通流,最大限度地减少给公民带来的不便;在虚拟天桥中,规划人员可以预览人行天桥的各种设计方案,以及设想如何将其与已经进行了改造的社区公园无缝集成。

在交流与可视化方面,"虚拟新加坡"提供了一个方便的平台,以可视化方式与市民进行交流,并允许他们及时向相关机构提供反馈。

在改善公众可访问性方面,"虚拟新加坡"引入了地形属性,包括水体、植被和交通基础设施,以及传统的2D地图无法显示的路缘石、楼梯或坡度。作为对自然景观的准确表示,"虚拟新加坡"可用于识别、显示残疾人和老年人的无障碍路线,使他们可以轻松找到通往公交站或地铁站的最便捷路线,甚至是被遮蔽的道路。公众也可以通过"虚拟新加坡"的可视化公园来计划骑行路线。

在城市规划方面,"虚拟新加坡"可以提供有关全天环境温度和日照变化的信息。城市规划人员可以直观地看到建造新建筑物或装置(如建筑的绿色屋顶)对温度和光强度的影响。城市规划人员和工程师还可以在"虚拟新加坡"上叠加热图和噪声图,以进行仿真和建模。这些功能可以帮助规划人员为居民创造更舒适、更凉爽的居住环境。

此外,在虚拟测试与实验方面,"虚拟新加坡"可用于虚拟测试或实验,例如,可用于检查5G网络的覆盖范围,提供覆盖率差的区域的可视化地图,并在3D城市模型中突出显示可改进的区域。"虚拟新加坡"

还可用作测试平台，以验证所提供的服务。

三、实施成效

通过适当的安全和隐私保护，"虚拟新加坡"使政府、公共机构、学术界、研究界、私营部门及社区能够利用信息和系统功能进行政策与业务分析、决策制定、想法测试、社区协作等。

对于政府来说，"虚拟新加坡"是一个关键的推动者，将加强实施如智能国家、市政服务、传感器网络、GeoSpace 和 OneMap 等计划；对于民众来说，"虚拟新加坡"中的地理可视化、分析工具和 3D 嵌入式信息将提供一个虚拟而现实的平台，以连接和创建丰富社区的服务；对于企业来说，"虚拟新加坡"内的大量数据和信息可用于业务分析、资源规划与管理以及专业服务；对于研究机构来说，"虚拟新加坡"开发创造了新的技术，是可用于多方协作、复杂分析和测试应用场景下的重要技术。

第三节 智慧滨海的城市大脑

一、应用背景

加快建设智慧城市、提升城市数字治理以及产城融合的能力已经迫在眉睫。作为国家综合配套改革示范区，天津滨海新区历来高度重视数字化工作，尤其是 2018 年以来，滨海新区先后出台了《智慧滨海建设工作方案》《滨海新区加快推进"互联网 + 政务服务"工作方案》等重要规划性文件，为滨海未来的数字化建设明确了奋斗的方向和目标。

基于此定位，天津市及滨海新区政府以"全智慧化"为核心，以"活用数据网、巧用应用网、善用服务网"为手段，构建出了"1+4+N"智慧滨海体系。

其中，"1"就是指智慧滨海的城市大脑，其以数字孪生理念为指导，通过构建数字孪生平台，以城市运营管理中心为载体，将分散在城市各个角落的数据汇集起来，打通信息孤岛，打破部门壁垒，实现数据共享互通。同时，智慧滨海的城市大脑集城市综合管理、便民服务响应、应急协同指挥和数据研发等功能于一体，通过对大量数据的分析和整合，实现对城市的精准分析、整体研判、协同指挥，支撑智慧城市可持续发展，实现新一代城市数字化治理。

一方面，智慧滨海的城市大脑实现了滨海全域全量数据资源的管理和可视化展示；另一方面，智慧滨海的城市大脑充分利用高性能的协同计算能力、模型仿真引擎，实现了滨海城市治理、民生服务、产业发展等各系统协同运转，从而形成智慧滨海城市自我优化的智能运行模式。

二、案例特点

首先，智慧滨海的城市大脑以数字孪生平台为基础底座，实现城市物理世界与网络虚拟空间的相互映射、协同交互，进而构建形成基于数据驱动、软件定义、平台支撑、虚实交互的数字孪生城市体系，实现城市从规划、建设到管理的全过程全要素数字化和虚拟化、城市全状态实时化和可视化、城市管理决策协同化和智能化。

其次，智慧滨海的城市大脑以城市信息模型作为建设核心，数字孪生模式下的所有信息悉数加载在城市信息模型上，依靠人工智能技术结构化处理、量化索引一座城市，依靠深度学习技术实现自动检测、分割、跟踪矢量、挂接属性入库，形成全景视图和各领域视图，从而给城市管理水平带来质的飞跃。

最后，智慧滨海的城市大脑还以数字孪生 PaaS（平台即服务）平台为开发平台，基于海量数据和高性能算力，全面构建融合大数据、人工智能、区块链等先进技术的深度学习机器智能平台，应用机器学习和深度学习等机器智能算法，更好地实现有效采样、模式识别、行动指南和规划决策。同时，将人类智能和机器智能相结合，把专业经验和数据科学有机融合，利用机器学习驱动的交互可视分析方法迭代演进、不断优化，提升智能算法执行的效率和性能，保证数据决策的有效性和高效性，以适应城市不断变化的各种服务场景。

三、实施成效

智慧滨海建设于 2018 年底，2019 年 6 月投入运行。运营管理中心整合接入了 28 个已建系统，新开发了 10 个应用系统并投入使用。例如，危化品全域监管系统，利用城市信息模型实现全区 916 家相关企业的信息展示、储罐实时监测和预警、仓储实时同步和分析、运输实时监控和应急快速响应等功能，为危化品安全提供保障。

滨海新区智慧城市的特色之一就是便民服务响应系统，其整合了 8890 热线、网格化、"随手拍"、书记区长信箱和"政民零距离"等多条路径，旨在打造 15 分钟便民服务圈，即按照"马上办、就近办"原则，在接件后第一时间响应核实并分派处置。目前，滨海新区全区 2270 平方千米的区域，共划分成 743 个网格，并配备网格员，实现横到边、纵到底，"一格一员、一员多能"，无交叉、无盲点。每个网格员经过专业培训，要负责 13 大类、124 项子类职能，通过手机将发现的问题秒拍、秒传到便民服务中心，中心再立项、分派和监督，实行全流程闭环管理。

同时，对于其他渠道反映的问题，由附近的网格员进行核查，确认后根据资源配置，精准分拨处置，并通过全网痕迹化考核管理，打造出"人在格中走，事在网上办"的城市精细化管理模式。

此外，网络智能化管理的提速提效，可以大大减少商事登记、项目审批时间。滨海新区深化"一制三化""五减四办"和滨海通办政务服务改革以来，商事登记业务就实现了全程电子化，办结时间仅需 4 小时。这一时间的全国标准是 5 天，天津市标准为 1 天，滨海新区承诺为 1 天，而在实际操作中，短短 4 个小时即可办结，做到了"不见面审批"和"无人审批"。

可以说，滨海新区基于数字孪生底座打造的"1+4+N"智慧滨海体系，完成了 1 个智慧滨海的城市大脑、4 个应用板块、N 项智慧应用的智慧滨海建设，真正实现了以运营管理中心为核心枢纽、以城市信息模型为数据载体的信息汇集和业务整合，实现了从规划、建设到管理的全过程全要素数字化和虚拟化、城市全状态实时化和可视化、城市管理决策协同化和智能化。

第四节　数字孪生之南京江北新区

一、应用背景

南京江北新区于 2015 年 6 月 27 日由国务院批复建立，是全国第

13个、江苏省第1个国家级新区。2019年6月,江北新区在"2019南京创新周—创新江北专场"上发布了由华为技术有限公司编制的《南京江北新区智慧城市2025规划》。该规划根据江北新区建设以"数字化、智能化、网格化、融合化"为主要特征的国内一流智慧新区的目标,将建立"数字孪生城市"作为建设重点。

江北新区规划到2025年建成"全国数字孪生城市第一城",建立高精度数字孪生城市信息模型,将直管区386平方千米区域的人、物、事件等全要素数字化,并完整映射在模型中,成为以物联、数汇、智创为特征的智能感知、智敏响应、智慧应用、智联保障的数字孪生城市,并利用数字孪生城市信息模型实现数据互联共享、运行全生命周期监测、智能化管理的新型城市规建管一体化。

二、案例特点

依靠自身信息化基础,搭建数字孪生城市信息模型是江北新区数字孪生建设的特点。江北新区依托其信息化、数字化基础,打造以大数据管理平台及基础数据库、综合感知平台、数字孪生信息平台、视频监控联网平台协同构成的江北新区数字孪生城市信息模型。通过对数据资源的采集、管理、治理、共享、分析和应用,实现对江北新区治理的改善和优化。

首先,数字孪生城市信息模型依托新区大数据管理中心,通过推动综合感知平台、视频联网平台建设,完善新区公共数据采集体系,加快推进新区城市级大数据中心建设,实现对新区城市规律的识别,为改善和优化新区城市系统提供有效的指引。

其次,数字孪生城市信息模型完善了物联网管理,形成对全区各类物联网数据及设备的统筹管理能力；率先推进新区现有环境监测、工地扬尘监测、消防烟感等物联网感知设备接入平台，促进形成良好的城市感知和综合管理经验与模式；逐步推进新区自建物联网感知终端以及通信运营商、区内企业等部分社会机构的物联网终端设备、数据接入平台，为物联网数据资源的可共享、集约化、全面可视化管理奠定坚实基础；敦促新区建设规划、建筑楼宇、综合管廊等领域功能BIM、3D模型、现有计算机辅助设计图纸等与新区GIS平台对接、汇聚和融合，整合规划、建设现有地理信息系统及资源，增强平台服务能级，为新区各部门提供精准的地理空间信息服务，实现"多规融合"下的"一张蓝图管发展"。

再次，数字孪生城市信息模型完善建设综合感知平台，多渠道采集并整合新区城市部件、事件、要件的运行状况，感知新区主要区域人流量、道路交通及水、电、燃气等涉及民生的公共服务资源数据，实现对城市人、物、事件的全面感知；完善城市舆情感知，提升舆情响应速度及社会综合治理水平，实现对安全隐患的精准预防、违法犯罪的精准感知、实时警情的精准处治。

从次，数字孪生城市信息模型对大数据管理平台进行了优化，进一步整合新区现有的具备数据交换、共享服务、综合治理、运行监测等功能的数据共享及管理系统，拓展公共数据、企业数据接入范围，深化新区大数据管理平台建设；持续推进信息资源目录体系建设，建立滚动的信息资源目录更新机制；对接南京市共享交换平台，持续优化升级现有共享交换系统，打造新区内外数据共享交换的核心子平台；加快建立各部门、各类别的数据资源共享交换标准，推动新区各部门、派出机构、公共事业单位现有相关数据资源基于共享交换子平台在新区层面的全域共享；建立社会公共数据采集共享机制，不断扩大社会数据采集范围。

最后，数字孪生城市信息模型还建设了视频资源管理平台。结合新区雪亮工程建设基础，汇聚融合新区所有公共视频资源，实现新区各部门、派出机构和社会领域视频监控资源的统一管理、灵活调用以及协议共享。同时，加快建立新区统筹管理的视频资源共享管理机制，保障落实视频资源全面共享；搭建视频监控智能分析平台，推进智能识别、深度学习等人工智能技术在城市管理、民生服务中的深度融合应用。

三、实施成效

江北新区数字孪生城市的建设标志着江北新区中央商务区各项工作对高科技的重视。在未来的工作中，要将技术手段、工作方法、成果体现与信息集成技术相结合。

江北新区数字孪生城市的发展还存在三个重要命题：一是如何让系统在现有功能的基础上发挥更大的作用，在广度和深度上更好地贴合江北新区中央商务区的区域建设和发展；二是如何让技术和管理、技术和组织、技术和各项事项的处理流程更有机、更科学地结合，实现技术和团队一体化、思路和战略一体化、措施和效果一体化；三是如何让更多的社会大众、参建单位、企业更好地理解和接受江北新区数字孪生城市系统，并主动参与进来。

建设新型智慧城市已成为新时代创新城市发展和治理模式的重要举措。江北新区将继续开发与利用数据资源，深化智慧城市规范化与标准化建设，开展与科研院所全方位技术合作，推进江北新区中央商务区城市功能与城市品质不断提升。

第五章 数字孪生+智慧建筑

第一节 建筑业走向数字化

数字技术的迅猛发展，极大地改变着人们的生活方式，推动需求升级，也深刻影响着产业端发展。正如咨询公司 Gartner 的技术成熟度曲线预测，人工智能、数字孪生、区块链等数字技术日臻成熟，它们将重塑产业生产模式和商业模式，激发效率革命。可以说，全球正加速迈向以数字化转型、网络化重构、智能化升级为特征的数字化新时代。

在新的时代背景下，数字化转型已成为建筑业转型升级的必然选择，让建筑业实现现代工业级的精益化是转型升级的方向，"让每个工程项目都成功"是建筑业转型升级的目标。

数字孪生运用于建筑业，是指综合运用 BIM、GIS、物联网、人工智能、智能控制和系统仿真等技术，建立以实体建筑物为对象的建筑信息物理系统，对建筑结构内各类数据进行集成，实现对物理对象的真实映射。

一、建筑业转型在即

近年来，我国建筑业发展迅猛，建筑业增加值占国内 GDP 的比例逐年上升，已成为我国国民经济的重要支柱产业。

建筑业产能大、产值高是城市文明进步的主流面，但与此同时，建筑业一直以粗放式发展，其高能耗对我国的人文环境、生态环境产生了一些负面影响。在产品品质、效率、成本等生产力水平方面，与其他行业相比存在着较大的差距。建筑业生产力水平低下导致的产业总成本高和总效率低的问题，已经成为长期制约产业发展的重要瓶颈，而由此导致的品质低、质量差、能耗高等问题也十分突出。

目前，建筑业直接、间接消耗的能源占我国全社会总能耗的46.7%，其中，建筑业中的95%为高能耗建筑，对环境的影响较大。据统计，美国建筑业的安全事故伤亡人数常年居各行业之首，而在中国，建筑业这一数据也居于高位。工人老龄化严重，美国建筑工人的平均年龄为43岁，中国为45岁，人口红利逐步消失。企业利润率较低，全球建筑企业利润率为4.4%，中国仅为1%～3%。生产力水平较低，麦肯锡的调研显示，建筑业近80%的项目超投资，近20%的项目超进度。

数学家柯布和经济学家道格拉斯提出，劳动力的投入不变、资本的投入不变、产出的增长取决于我们所应用的科技的进步。从目前的形势看，无论是快速提升建筑品质，还是工程项目提质增效，都离不开数字化手段。根据麦肯锡全球研究院统计，数字化可使全球建筑业的生产力提升14%～15%，成本节约4%～6%。因此，深化数字化变革，以全新面貌驱动产业发展，将成为建筑业焕发生机的最佳途径。

基于此，住房和城乡建设部等十三部委联合印发的《关于推动智能建造与建筑工业化协同发展的指导意见》（以下简称《意见》）明确指出，建筑业以大力发展建筑工业化为载体，以数字化、智能化升级为动力，创新突破相关核心技术，加大智能建造在工程建设各环节应用。《意见》同时指出，到2035年，我国智能建造与建筑工业协同发展取得显著进展。建筑智能化，将成为未来建筑企业的核心竞争力和先选优势，从而有效促进企业及行业发展，助力我国进入智能建造强国的行列。

在建筑业走向转型升级之路的过程中，数字孪生与建筑业的发展不谋而合，数字孪生技术是助力建筑业转型的重要技术，建筑业的数字化转型同样是推行数字孪生技术的重要方式。智能建造建立在高度信息化、工业化、智能化的基础上，实现建设单位、设计单位、施工单位、咨询单位和政府主管部门信息的互通协作，同时能够实现远程互联，实时动态更新虚拟模型，使环境监测、进度监测、质量控制、安全控制、人员实名制管理动态显示，缩短信息传递路径，便于管理部门了解信息。数字孪生技术与智能建造相结合，不仅能为建筑项目精细化管理体系的构建和数字化转型提供智慧化管理的支撑，还能为"中国建造"走向"中国智造"赋予高质量转型升级的新动能。

二、数字孪生为建筑赋能

数字孪生技术在解构一个旧世界的同时，也在建立一个新世界，即一个数字孪生世界。数字孪生世界的意义在于：通过物理世界与数字世界的相互映射、实时交互、高效协同，在数字世界中构建物理世界的运行框架和体系，实施低成本试错、智能化决策，实现最优化生产资料的配置，构建人类社会大规模协作新体系。

数字孪生要求信息空间里面的虚拟数字模型是"写实"的，是"一种综合多物理、多尺度模拟的载体或系统，以反映其对应实体的真实状态"。数字孪生可以将物理空间里的实时数据与虚拟数字模型紧密联系，以描绘相对应的实体建筑的全生命周期过程。

1. 建筑设计阶段

在建筑设计阶段，数字孪生主要应用 BIM 技术，不同专业可在数字孪生协同平台进行并行设计，即同时进行建筑、结构和机电等模型的设计，克服了传统设计模式中设计周期较长，以及需要严格按照先后顺序依次完成建筑、结构、机电等模型搭建的缺点，大大缩减了设计周期。此外，通过基于 Web 的轻量化协同、应用展示和审核等工具，可以分别从设计和施工等人员的角度，对设计模型提前进行"图纸会审"，从而在源头上把控建筑的质量。数字孪生在建筑设计阶段的应用基于多种 BIM 软件的互相配合，最后生成设计模型。

2. 建筑施工阶段

在建筑施工阶段，数字孪生可以协助施工场地管理、技术交底、碰撞检查、进度管理，以及成本、生产、质量和安全管理。

对于施工场地管理，数字孪生技术能够将施工场内的平面元素立体化直观化，从而优化各阶段场地的布置。例如，综合考虑不同阶段的场地转换，结合绿色施工中节约用地的理念，避免用地冗余；动态模拟临水临电、塔吊布置，实现最优化的塔吊配置；直观展现用地情况，最大化地减少占用施工用地，使平面布置紧凑合理，同时做到场容整洁、道路通畅，符合消防安全和文明施工等相关要求。

此外，数字孪生模型还可以将孔洞、临边和基坑等与安全生产相关的建筑构件突出展示，并与施工计划和施工过程中所需要的各类设备及资源相关联，共同构建数字孪生建筑知识库，实现在数字孪生环境下基坑和建筑危险源的自动辨识及危险行为的自动预测；辅助安全管理人员通过数字孪生环境预先识别各类危险源，将其从重复性、流程性的工作中解放出来并将更多的时间用于安全风险的评估与措施制定等方面，在数字孪生环境中进行安全预控，在施工全过程中保障安全生产。

对于技术交底，一方面，运用三维数据可视化技术可以使施工单位快速了解工程的总体情况、结构、机电工程和管道布置。特别是那些不便于展现的地下管线等构件，通过BIM能被清楚地显示出来，降低了设计与施工之间的沟通难度，有利于工程的实施与推进。另一方面，运用三维数据可视化技术可以按照施工计划进行虚拟施工，并且可以模拟各专业施工工艺的关键程序，既有利于熟悉施工程序，又为成本控制、进度控制和质量控制提供了可靠的依据。

对于碰撞检测，传统的二维设计有多种工程管线，专业管线相互交叉，在施工过程中很难实现紧密的协调与配合。运用数字孪生环境的碰撞检测功能，可根据各专业管道之间的冲突，区分无压管和压力管道、大型管道和小型管道，从而在设计和布局阶段优化管道系统，确保各类管道的兼容性和安全性。考虑管道的厚度、管坡、间距，以及安装、运行和维护所需的空间，结合工程结构与设备管道检测的实用综合布置图绘制图纸，可加快解决所有专业人员的施工难题。结合BIM的可视化技术，模拟施工工艺和施工方法，使现场施工不再单纯依靠平面图纸，不仅提高了施工技术能力，还能避免因理解不一致等认知偏差而造成的返工，从而加快施工进度和提高现场工作效率。

对于进度管理，数字孪生可以在工程实施期间，对建筑、道路、基坑和管线等所有构件进行任务分解，并对构件进行工作分解结构编码；凭借任务与模型的关联动作，可根据任务时间进行四维动画模拟，以动画的形式显示项目的施工计划和实际进度，包括项目各时间段的形象进度和里程碑节点等；将完成的工程实体组件绑定到BIM的ID中，用不同的颜色展示构件，通过颜色变化改变组件模型，继而显示项目的进度。应用 BIM 对项目的实际进度与计划进度进行比较，一旦发现施工进度提前或滞后，可及时发出相应的警报以提前预警。

随着三维激光扫描技术的不断发展，BIM 技术逐渐被用于获取现场情况等场景，包括应用 BIM 连接点云数据组织管理现场计划、施工计划和物流计划。在同时获得虚拟照片和场景图像后，服务端平台会自动比较它们的像素大小，分析实物与模型的差异，进行建筑工作量的计算。

对于成本、生产、质量和安全管理，BIM 模型构件可通过构件 ID 编码与工程量清单项目编码建立关联，包括构件与工程量清单项目名称、单价、项目特征等之间的对应关系，并且将相关数据写入构件明细表对应的数据库中，同时提取 BIM 中不同构件和模型的几何信息、属性信息，汇总统计各种构件的数量。基于 BIM 开展算量工作，不仅使算量工作得到大幅度简化并实现自动化，减少了因人为计算失误等而造成的错误，还极大地节约了工作时间，方便审核人员复核工程量成果。

在建设过程中，现场工作人员可以通过移动端 App 记录生产任务的实际实施情况，查看任务过程的控制要求，实时上传数据至服务器。其他人员可在网页端查看实际生产工作的跟踪结果，并与任务计划进行比较和分析，使任务更加清晰、可控。BIM 平台可以快速生成生产数据，形成数字化报表，并发送至项目联络群和朋友圈，或者经项目生产经理批准发给各参建方，同步监督项目的工作成果，协助项目管理者控制施工状态。

与此同时，相关人员在手机端也可以快速记录施工现场的质量和安全问题，在 PC 端可随时查看工程质量及可能出现的安全隐患，并在数字孪生场景中直观地确定问题的位置。此外，在 PC 端还可以验证现场各巡逻点的视察和执行效果，实现全面覆盖现场的安全管理。

3. 建筑运维阶段

在建筑运维阶段，数字孪生模型具有较好的综合分析和预测能力，为预测维修建筑物的智能设施提供了有效的技术支持，是智能建筑物运行与智能系统一体化的主要模式。从构件信息和 BIM 模型的角度看，数字孪生将智能建筑结构体系从模型集成到系统，实现了微观和宏观的集成。

三、数字孪生将重新定义建筑业

在数字孪生的驱动下，建筑业将在产品形态、商业模式、管理模式、生产方式和交易方式等方面产生新的变化。生产方式的变革，推动建造过程从物理建造向数字孪生建造转变，将进一步带来管理模式与交易方式的变化，并使商业模式向规模化定制、服务化建造转变，最终带来产品形态变化，交付"数字虚体 + 物理实体"。

从产品形态的变化来看，"实体建筑 + 虚体建筑"将成为最终交付给客户的产品形态。虚体建筑打造了与物理实体空间结构相对应的动态数字模型，在项目全过程保持实时映射和动态更新，大幅提高了项目的协作效率和协同效果。虚体建筑包含了建筑产品的各种信息，例如，建造过程和材料的溯源数据，建筑产品的各种空间数据和属性数据等。实体建筑在虚体建筑的孪生赋能下，将实现精益化建造过程，并达到工业级精细化水平。

从商业模式的创新来看，基于数字孪生，建筑业的价值创造将不仅集中在建筑产品的建造和交付阶段，还会向建筑产品运营阶段延伸，通过提供物业服务、健康服务和运维服务等，创造出更大的价值空间，实现建造服务化转型，主要包括：建筑过程服务化，针对建设项目全过程的服务，涵盖全数字化虚拟建造服务、实体精益建造服务、工程金融服务等；产品使用服务化，针对产品的使用过程，为用户在使用阶段、体验方面提供服务，是面向用户的服务，涵盖产品制造服务化、机械设备服务化、产品运维服务化等。

从管理模式的变革来看，通过数字孪生的智能化协同作用，传统项目管理模式下的设计、施工、运维阶段相对割裂、缺乏协同的不利局面会得到彻底改变，参建各方不再是利益博弈的关系，而是通过数字IPD（项目集成化交付）等新型管理模式，形成利益共同体，在项目生命周期内密切合作，共同完成项目目标并使项目收益最大化。

过去，在传统的工程建设中，项目各阶段相对割裂、缺乏协同，设计阶段未充分考虑施工的可实施性与运维阶段的实用性，造成大量返工、延期和成本超控。未来，在数字孪生的赋能下，每个建筑都将先进行全数字化虚拟建造，再进行工业化实体建造。在虚拟建造过程中，参建各方将通过数字建筑平台进行智能设计、虚拟生产、虚拟施工和虚拟运维的全过程数字化打样，交付设计方案最优、实施方案可行、商务方案合理的全数字样品，再通过基于精细化到工序级的数字孪生精益建造，在物理世界中建造出工业级品质的实体建筑，做到项目浪费最小化、价值最大化。

第二节　十天一座"雷神山"

一、应用背景

在民用建筑中，医院是最复杂的建筑类型之一，其功能分区复杂、使用空间要求多变、能耗非常大、医疗设备管理维护复杂……一座大型医院的设备管线多达 40 余种。鉴于这些特点，一座医院的建设成本在其全生命周期中只占小部分，而使用阶段的能源消耗、设备维护、系统管理将占大部分。

因此，像医院这样的公共事业项目，应在建设阶段就考虑其在全生命周期内的消耗和产出，利用 BIM 技术建立医院的数字孪生模型，并基于此模型进一步搭建运维平台。虽然前期有一定投入，但后期其价值产出却能极大地节约成本，提升医院运营效率。

雷神山医院便是利用了数字孪生技术进行建造的。雷神山医院位于武汉市江夏区，建设用地面积约 22 万平方米，总建筑面积约 7.9 万平方米，可提供床位 1500 个，容纳医护人员 2300 名。项目根据用地情况分为东区（隔离医疗区）和西区（医护生活区），并配备相关运维用房，均为一层临时建筑。

中南建筑设计院股份有限公司（CSADI）临危受命，其 BIM 团队为雷神山医院创造了一个数字化的"孪生兄弟"：采用 BIM 技术建立雷神山医院的数字孪生模型。

二、案例特点

设计建造雷神山医院的重点也是难点，主要有三个：一是要能快速建成、投入使用；二是要防止对环境造成污染；三是要避免医护人员感染。医院采用模块化设计，呈现独特的"鱼骨状"布局，每根"鱼刺"都是独立的医疗单元，是一个隔离病区。根据项目的特点，送排风系统的主要管线均为室外敷设，而一般传统的 BIM 应用点，如管线综合、净高分析等，在雷神山医院建造过程中已经不再是焦点。于是，雷神山医院的

BIM 技术应用就围绕上述三点展开。

首先，雷神山医院要求 10 天建成使用，建设工期是整个项目的主要挑战，而建筑骨架是施工的第一道工序，因此，结构专业的设计和施工速度直接影响了整个项目的建设速度。

为了解决以上问题，雷神山医院的隔离医疗区全部采用轻型模块化钢结构组合房屋体系。利用基于 BIM 的数字化建造技术，将建筑和结构构件、机电设备在数字模型中进行集成和归类，直接指导工厂制作，同时对现场施工工序进行数字化模拟，寻找最佳拼装方案，并根据功能和拼装顺序对模块进行数字编号，现场像堆积木一样进行施工建设，极大地缩短了项目建设工期。

其次，对室外风环境进行模拟分析。雷神山医院的建设选址非常严格，项目周围没有居民区，所有的污水、雨水通过有组织地收集处理、消毒后，排入市政管道，是绝对安全的。隔离医疗区的排风也经过高效过滤后进行排放，但仍希望医院排放的气体能迅速在空气中扩散稀释。于是，对雷神山医院 BIM 模型进行风环境分析，从分析结果来看，建筑物周围未形成死角或漩涡区，场地通风情况良好，有利于迅速稀释和扩散场地内排放的气体。

最后，隔离病房是造成医护人员感染的重灾区，分析隔离病房的气流组织，旨在辅助设计，并对医护人员的安全防护提出建议。通过分析，在建造团队的送排放风布局下，病房内形成了 U 形通风环境，气流从送风管流出，遇到对侧墙壁后改变方向，流经两个病床后到达下部回流区，经排风口过滤后排出，这种通风环境能有效改善病房内的污染空气浓度，降低医护人员感染风险。

三、实施成效

BIM 技术是雷神山医院设计、建造的重要支撑,对雷神山医院的快速建成并投入使用起到了一定的促进作用。但 BIM 技术的延伸与拓展前景,仍存在一定的局限性。在未来医疗建筑的建设、使用中,应通过数字孪生医院拓展应用,在建筑全生命周期中强调数字信息管理,使其发挥更大的效能,为即将到来的智慧化时代做好准备,同时也为随机而至的应急事件做好准备。

第三节 巴黎圣母院的"重生"

一、应用背景

巴黎圣母院位于法国巴黎市中心塞纳河畔,是法国首都巴黎的地标性建筑之一,也是联合国教科文组织确认的世界文化遗产。

巴黎圣母院大教堂约建造于 1163—1250 年,于 1345 年最终建成,为哥特式建筑形式,是法国哥特式教堂群里非常具有代表意义和历史价值的一座建筑。教堂采用石材建造,外形高耸挺拔,其内部的雕刻和绘画艺术,以及教堂内所收藏的 13～17 世纪的大量艺术珍品闻名于世。时至现代,巴黎圣母院已不仅是一处宗教场所,更是法国千年文明的象征,是全人类文化遗产的一部分。

然而,2019 年 4 月 15 日,巴黎圣母院发生火灾,塔楼倒塌、建筑受损。巴黎圣母院发生火灾是不幸的,但幸运的是,达索系统公司的

"数字巴黎"项目通过数字化建模、仿真,完整地还原了巴黎古城的建造过程,真实还原了巴黎圣母院的原貌,在数字世界中再现了其一块砖、一扇门、一扇窗的安装过程。数字孪生让巴黎圣母院"重生"成为可能。

二、案例特点

达索系统公司设有一个名为"创新激情"的企业计划,该计划旨在使公司的尖端技术能为历史学家、考古学家、研究人员和各种发明人员所用。通过仿真、建模以及在一个虚拟的三维世界中验证假设,描绘真实行为来帮助证明将某个行业和领域推向新高度的理论。"数字巴黎"则是继"冰山梦"和"胡夫金字塔揭秘"之后的又一个"创新激情"项目。

早在2012年,达索系统公司就通过3D还原历史的方式推出了"数字巴黎"项目,记录了巴黎的辉煌盛况,其中就有巴黎圣母院构建过程的逼真3D场景和细节,这些细节对重建巴黎圣母院和保护古文化遗产作出了积极贡献。打造"数字巴黎"共计花费300万欧元,具体内容包括巴黎历史网站、iPad应用、一本大型画册、一系列故事纪录片节目和片段。

通过3D技术及"数字巴黎"项目的3D历史场景资料,达索系统公司希望能支持巴黎圣母院的重建工作。火灾后,达索系统公司表示将通过提供3D云平台、3D机器人仿真和3D协同项目的方式帮助并支持重建巴黎圣母院。

"数字巴黎"项目把这座城市从零开始的历史时空连续地在数字世界中呈现出来,重现了巴黎城市和文明的演进,人们可以在数字世界中实现时空穿越,通过沉浸式的体验来学习和传承人类的历史与文明。

三、实施成效

技术可以构建未来,也能还原历史。用户登录"数字巴黎"网站,即可在 3D 的巴黎城中"穿行","游览"巴黎主要的地标性建筑,如巴黎圣母院、巴士底狱、卢浮宫、埃菲尔铁塔,以及一些关键时代的特色建筑,如高卢—罗马时期、中世纪、19 世纪的建筑及世博会建筑。巴黎建筑与考古学历史部的考古学家迪迪埃·布森对每一座建筑及其周边环境都进行了详细的描述。

通过数字孪生重现历史,是为了更好地设计未来。达索系统公司用数字孪生技术还原了巴黎的建造过程,也为巴黎未来的规划提供了更好的蓝图。数字孪生在重现建筑与城市历史的同时,也革新了知识的传承方式。未来,学生们在上历史课时,可以带着 AR/VR 眼镜"穿越"到当年的场景中,去体验、去感悟。

第四节 安徽创新馆之 BOS

一、应用背景

安徽创新馆是我国第一座以创新为主题的科技展馆,场馆建筑面积为 8.2 万平方米,全馆由三栋独立的场馆组成,一号馆以科技成果展示为核心,二号馆以科技创新成果服务为主题,三号馆以科技成果转化交易为主题。基于该建筑的特殊性与科技创新元素,结合VR、大数据、云计算、物联网等当代前沿技术,安徽创新馆通过融合各类场景数据,如GIS、BIM、倾斜摄影、设计文件、3D模型等,建立逼真的虚拟场景、1∶1孪生对应的数字世界,实现人、地、事、物在数字世界里的镜像孪生。

其中,用户通过智慧楼宇操作系统(Building Operation System, BOS)平台掌握营运环境,得以极大地缩短反应时间。安徽创新馆BOS是全省首个落地的智慧园区数字孪生管控平台,为场馆提供了全面、精准、高效的运营管理。

BOS通过将可视化的数字孪生场景与IoT数据结合,建立逼真的虚拟建筑场景,使建筑内外场景能够实时漫游,并且对周边环境进行虚拟1∶1还原,与真实的场景保持一致,虚拟建筑能够进行大小缩放、分层查看、分间查看、平面360°旋转、立面180°旋转等自由操作,便于运维管理人员操控,加快响应速度,缩短处理时间。

BOS是对传统智能楼宇管理系统的创新升级,是未来对楼宇、场馆、机场、高铁站等功能性繁多的公共区域进行预防性管理、节能管理、空间管理的标准产品,管理人员通过该系统可以连接楼宇的各个控制系统,连接用户、降低成本、提高效率。

二、案例特点

首先,基于高精度还原的3D+场景集成视频监控数据,安徽创新馆BOS通过摄像设备实现对创新馆全面覆盖的实时监视与控制。通过建筑物模型图、楼层平面图和景区电子地图可选择待操作的监控点设备,对电视监控系统进行快捷操作。集成系统可以接收其他子系统的报警实现联动，控制视频画面的切换、缩放及摄像头的聚焦、转动、切换预置位等功能，实现了实时监测出入口状态并记录电锁或门磁的开关状态、出入口的开关控制、异常的进出记录，当有人非法开启安装门禁的房门时，系统将提示报警。

此外，基于高精度还原的 3D+ 场景及各类型火灾感知设备终端数据集成，安徽创新馆 BOS 消防报警功能能够通过 RS232 网络向集成管理系统传递信息，内容包括系统主机运行状态、故障报警，以及火灾报警探测器的工作状态、位置信息、相关联动设备的状态。

其次，安徽创新馆 BOS 的综合信息集成系统与楼宇自动化系统的主机或控制器相连，通过楼宇自动化系统提供接口汇集各种设备的运行和检测参数，如冷冻机、热交换机、新风机组、空调机组、各种泵的开/关状态、运行正常/非正常状态等数据，并实时控制各设备。当系统设备如安防报警器、冷冻机、新风机组、空调机组、各种泵和管道出现故障或意外情况时，综合信息集成系统将进行采集并提示。报警管理功能自动运行且无须操作人员介入。当设备发生故障时，能在显示器上闪烁红色警示标记，并显示相应设备的图形界面，以及报警点的详细资料，包括位置、类别等。

最后，安徽创新馆 BOS 还能实时反映整个楼宇的各种能耗，在集成管理系统中，可以方便监控和了解整个楼宇的状况；同时，可以在监视工作站上实时显示楼宇内环境参数的相应信息。能源管理模块对能量各子系统能耗的报表统计，以年、月、日为统计区间，以饼图、柱图等不同方式表示。

三、实施成效

安徽创新馆的智能硬件设备集成数据平台，能够接入 IoT 设备数据（设备运行参数、设备运行状态等），并形成统一数据进行输出，支持应用程序编程接口调用及参数配置，支持数据分布式存储及应用；构建数据输出中间层，优化数据结构与数据分析环节，可支持调用历史数据的数据库基本功能，逐步完成 IoT 设备数据库的构建。

同时，监控平台以摄像头数据中转处理及数据分析处理为功能构建，支持多格式码流数据接入，具备码流接入分类、参数配置解析能力及视频数据存储功能，存储时间、制式、清晰度可配置，满足视频数据统一转码形成统一制式数据输出的需求。基于楼宇平台对楼宇事件进行数据监控，对于异常信息进行报警显示，并提供报警信息定位，呈现情况与发声位置，做到中央指挥。视频监控是保障楼宇日常安防的重要手段，BOS 可提供完备的视频监控平台、不同类型摄像头的接入功能，保障不同功能等级的监控需求。

此外，能效管理系统是一个综合性系统，可以提供基础能效管理。该系统根据集成数据在底层完成管理模块功能搭建，实时展示能源消耗情况，搭配费用统计模块可实时计算费用指标，对各类能效使用及消耗做到细分颗粒度管理。

第五节　吉宝静安之住宅施工

一、应用背景

上海市吉宝静安中心项目由吉宝置业（上海）管理有限公司开发，

位于静安寺北侧,在静安核心商务区范围内。项目基坑西侧在地铁 7 号线静安寺与昌平路站区间,整体地下室埋深为 19.53 米,塔楼为超高层建筑,高 179.9 米。

上海市吉宝静安中心项目施工环节多样、专业管理复杂度高、各类风险源极多,尤其对周边居民维稳,以及防止周边房屋、地铁区间隧道与项目周边管线变形的保护要求极高。

基于此,上海市吉宝静安中心项目在管理前期就制定了数智化工地施工管理策略,基于数字孪生技术,将 BIM 在建筑施工管理中的应用贯穿整个项目周期,做到事前预判、事中管理、事后纠偏的"三大维度实时可控"的数智化管理策略。

二、案例特点

上海市吉宝静安中心项目对国内的 BIM 星云综合管理系统及国外的 OpenSpace 360 系统两套软件进行了应用流程整合,即应用方案在技术上保证行业先进性的同时,还结合了本土用户的需求使用国内软件进行应用嫁接,以期取得更好的应用效果。同时,考虑数据同步的便捷性和现场使用效率,项目的数字孪生系统软件组成由云平台软件与 SaaS(软件即服务)模式进行集成,便于后期处理和各个使用端的使用。

通过 OpenSpace 360 定制化系统,上海市吉宝静安中心项目实现了随时随地快速查看项目进度,重点在于可以通过分屏功能选择两个日期来查看施工过程的进展变化。通过对 BIM 星云综合管理系统与 OpenSpace 360 的虚拟现实环境在综合平台上的实时对比,上海市吉宝静安中心项目得以在电脑端快速查看实际施工情况,并与 BIM 模型进行比较。

此外，巡检记录功能可以快速地将用手机在现场拍摄到的照片自动定位到项目图纸中，或者通过施工现场数智化记录平台在线记录和管理问题，使整个项目团队及时了解项目情况，从而做出最优的解决方案，减少项目风险和成本。进度跟踪模块则可以根据施工现场数智化记录，利用计算机视觉和人工智能技术，自动计算出施工现场的工程进展情况，并用图表和立体模型详细展示完成的数量、比例和团队的工作效率，以协助项目管理者及时、快速地了解项目情况，优化现场施工管理，同时可以作为项目付款的依据。

三、实施成效

上海市吉宝静安中心项目通过数智化理论、标准与应用方案的分析，总结了一套可适用于20万平方米以下的商业办公地产项目的数字孪生系统，并结合虚拟现实VR设备与BIM建模平台的综合性云平台系统，快速实现现场任务派发、3D/2D图纸对比、实时记录与事后溯源。项目将数智化技术集于数字孪生系统之后，又形成了一套可以嫁接最新技术资源的中台系统，并在日常使用过程中，让"专家数智化"转化为"人人数智化"的落地性平台，势必会在推动行业数智化转型的趋势中，提供丰富的理论与实践依据。

第六章　数字孪生+智慧能源

第一节　智慧能源形成共识

随着全球范围内城市规模的不断增长，以及居民对生活品质要求的日益提升，城市发展与空间、资源、环境等要素间的矛盾越发凸显。

进入 21 世纪，各种先进信息技术与城市的融合不断加深，城市建设与运行的信息化、数字化水平快速提升。以此为基础，进一步横向打通能源、交通、市政等城市各领域间的信息壁垒，纵向实现城市从上层规划建设到底层公众服务的整体协调统一，构建高效、绿色和共享的智慧城市高级形态，成为国内外广泛关注的问题和未来城市的重点发展方向。

但目前，就我国来说，能源行业存在着体制、技术和市场壁垒，能源转型面临挑战。基于此，国家能源局提出智慧能源战略，建设互联互通、透明开放、互惠共享的能源共享平台，以期解决能源行业普遍存在的壁垒问题。

考虑到综合能源系统的复杂性，能源与其他领域的协调交互、在大规模复杂城市层面的协同优化等都需要在数字空间中完成，人工智能等先进信息技术的应用也需要依赖数字空间提供的融合数据基础和高效执行环境。数字孪生技术作为可在物理世界和数字世界之间建立精准联系的技术，被视为解决智慧能源发展所面临的技术难题的重要技术。

建设数字孪生已成为当前复杂系统数字化和信息化发展的共性目标之一，不仅可提升系统自身运行水平，同时也为传统领域与数字技术成果融合后的潜力释放创造有利条件。在内部需求发展和外部技术进步的双重驱动下，数字孪生成为综合能源领域的热点。

一、智慧能源成为共识

近几百年，化石能源的利用和生机蓬勃的科技创新，让人类享受到空前的繁荣和富足，世界人口规模和人均 GDP 得以迅速增长，人类在不到一个世纪的时间内所创造的生产力，已远超过去所有世纪的总和。究其原因，工业机器、化学、轮船、铁路、电报等，都需要大规模的能源作为基础和支撑。

过去几十年的经济发展速度和能源供应曲线证实，现代社会经济的发展与能源有着极为紧密的关联性，能源供应的波动必然造成经济发展的波动，反过来，经济发展的波动也会影响能源消费的波动。人类离不开能源，能源供应中断造成的破坏性后果，更是直观地展现了人类基本生产生活对能源的依赖性。

然而，对化石能源的严重依赖隐藏着危机。一方面，对化石能源的开采是有限的而非无穷的。虽然还有未被发现的化石能源，但是其储量终究是有限的，如果不能找到合适的替代能源，按照目前的消耗速度，80 年左右，全球化石能源将枯竭。

另一方面，大规模开发利用化石能源造成了日益严峻的环境问题和气候问题。目前，人们主要以直接燃烧的方式利用化石能源，其中含有的硫、氮等排到大气，形成酸雨等具有腐蚀性的污染物。同时，在开发、生产及利用化石能源的过程中，排放的烟尘及其他污染物对局部地区水土、地质等环境造成了破坏和污染。利用化石能源的过程中大量的碳排放，是造成大气温室效应的主要影响因素。大量的碳本来储存于大地岩层内的化石能源中，在化石能源燃烧过程中以二氧化碳气体的形式排入大气，提升了大气中二氧化碳的含量，使得地球大气温度升高，全球气候变暖，这些问题将对地球生态环境带来严重影响，最终为人类的发展和生存带来挑战。

在这样的背景下，能源转型受到越来越多的关注。无论是欧盟于2010年发布的"能源2020"计划，选择了绿色能源之路，还是日本政府在2015年"国家复兴战略"中明确要重新重视核能；无论是美国政府于2014年发布的《全方位能源战略——通向经济可持续增长之路》，强调占据未来世界能源技术的制高点，还是印度政府在2015年宣布大规模发展绿色能源，能源问题都已经上升为多个国家的核心战略议题。

为促进能源行业的转型升级和技术革命，我国于2019年11月发布了《中共中央关于坚持和完善中国特色社会主义制度、推进国家治理体系和治理能力现代化若干重大问题的决定》，要求推进能源革命，构建清洁低碳、安全高效的能源体系。2020年8月，国务院国资委发布《关于加快推进国有企业数字化转型工作的通知》，提出打造能源企业数字化转型示范，明确国有能源企业数字化转型的基础、方向、重点和举措，全面部署能源企业数字化转型工作。

智慧能源作为能源企业降本增效的重要手段和开拓新业务的重要途径，在能源行业取得广泛共识。

二、智慧能源需要数字孪生

虽然当前能源供应朝着分散生产和网络共享的方向转变，但能源行业仍存在体制、技术和市场壁垒，能源供应侧、传输侧和消费侧都存在大量信息不透明、不共享的问题。在我国，国家能源局提出的"互联网+"智慧能源战略，将借助现代信息技术打造互联互通、透明开放、互惠共享的信息网络平台，打破现有能源"产、输、配、用"之间不对称的信息格局，推进能源生产与消费模式革命，重构能源行业生态。而该战略的落地要求能源系统实施数字化深度转型，运用新的技术手段助力数字化转型成为急需。

显然，云计算、人工智能、大数据、数字孪生等新兴热点，为能源行业的创新与变革带来了新发展动力，为加速能源系统的数字化转型提供了技术支撑。融合物联网技术、通信技术、大数据分析技术、高性能计算技术和先进仿真分析技术的数字孪生技术体系，已经成为解决当前智慧能源发展面临问题的关键抓手。其中，智慧能源系统作为融合多能源的综合复杂系统，更是与数字孪生技术的应用方向高度契合。

一方面，数字技术能够与能源技术融合创新服务业态。长期以来，我国能源领域形成了以石油、天然气、电力等部门为核心的子系统和技术体系，如煤—电/热供应系统，经过长期建设集中的"点—线"式供应及配套设备系统，对内不断强化上下游之间的刚性关联，对外相对独立，久而久之形成了"能源竖井"，造成能源系统整体效率偏低，成为能源产业转型升级和结构调整的障碍。

通过数字技术的应用，尤其是数字孪生技术的应用，能够对能源业务优化整合，打破"能源竖井"，提高能源转换效率，实现多能融合，促进整个产业链的协同发展，逐步形成产业价值网，提高能源优化配置能力，进一步提升对市场的响应和适应能力。例如，综合能源服务体现了人工智能等数字技术赋能能源服务的新智慧，其本质是由新技术革命、绿色发展、新能源崛起引发的能源产业结构重塑，从而推动服务业态、商业模式不断创新，具有综合、互联、共享、高效、友好等多种特点。国外综合能源服务模式已经较为成熟，有明确的目标导向；国内综合能源服务尚处于探索阶段，主要面向工业园区和公共建筑，开展多种能源互补利用、消费侧管理等业务，为用户提供高效智能的能源供应和相关增值服务。

另一方面，数字技术打造分布式能源网络，适应多元需求。在传统发展模式下，水、电、热、气等规划单一，能源服务选择单一。未来，借助数字技术，电力、冷热、用户之间的关系变得越来越紧密，以城镇/园区为能源单元体，依托物联网和能源互联网，数字技术能够精准预测单元需求，达成能源系统供需互动和自我平衡。例如，在现有能源系统的建模仿真和在线监测技术的基础上，数字孪生技术系统进一步涵盖状态感知、边缘计算、智能互联、协议适配、智能分析等技术，为智慧能源系统提供更加丰富和真实的模型，从而全面服务于系统的运行和控制。

对于能源供给侧来说，可以借助能源互联网，提升多种形式的能源系统互联互通、互惠共济的能力，有效支撑能源电力低碳转型、能源综合利用效率优化、各种能源设施灵活便捷接入，充分调动分布在社会各个角落的能源单元体。例如，新能源汽车作为储能装备，协助调整城市单元能源供应体系，推动能源供应由集中式向分布式转变。

三、构建能源数字孪生生态系统

面向智慧能源系统的数字孪生技术贯穿能源生产、传输、存储、消费、交易等环节，有助于打破能源行业的时间和空间限制，促进各项业务的全方位整合与统一调度管理；横向联合能源行业参与主体之间的业务，提高能源利用效率。

梳理形成智慧能源行业的数字孪生技术生态圈，按照能源系统的全生命周期过程，可以将能源数字孪生系统划分为能源生产、能源传输、能源分配、能源消费、能源存储和能源市场六个部分。随着各部分交互的不断加深，逐步实现基于数字孪生技术的智慧能源行业可持续发展。

（1）能源生产即借助云端—边缘端协同的数字孪生服务平台，实现能源生产高效转换。通过建立虚实映射的仿真模型，对能源生产机组的运行状态和运行环境等进行实时监控和模拟运行，及时制定各能源生产机组的最优运行策略；应用运行数据中提取的特征来优化设备生产设计方案，包括数字孪生风机、多物理场光伏模型和数字化电厂等。

（2）在能源传输方面，由于能源空间分布失衡，我国部分区域能源资源匮乏，需要依赖能源传输以保障能源安全。数字孪生技术可以提升能源传输过程中的控制和优化能力。应用数字孪生技术，对直流输电网中的柔直模块化多电平换流器进行数字孪生建模，以实现对能源传输的优化和升级。针对用于电能传输的电缆等设备，应用数字孪生技术进行虚实映射的数字化建模，指导电缆设备的全生命周期设计，以提高设备的运行性能、增长设备的使用寿命。数字孪生电网在虚拟实体中可以实现多物理场和多尺度的仿真，使管理人员更真实地了解输电设备的运行状况和各节点的负荷状况，通过大数据和智能算法实时监控电网并及时对电网可能出现的问题进行预警。

（3）在能源分配方面，能源路由器的研发尚处于起步阶段，运用数字孪生技术对能源路由器建立虚拟模型并进行大数据模拟分析，进而指导设备的生产设计，大大缩短了设备的研发周期。针对能源分配环节存在的大量变电设备，采用数字孪生技术将变电站设备实例化，在智能机器人与智能安全监测设备的辅助下，实现海量数据与物理设备的关联映射，在可视化平台进行实时展现，形成数字孪生变电站，提升能源分配的经济性和安全性。

（4）在能源消费方面，数字孪生将创新能源消费模式。通过数字孪生可全面提升终端能源消费智能化、高效化水平，促进智能建筑、智能家居、智能交通、智能物流推广，推动智慧能源城市建设和发展；推进终端用能电气化、数字化安全运行体系建设，保障安全可靠的能源消费；发展各类新型能源消费模式，促进能源消费升级。

（5）在能源存储方面，先基于数字城市模型对电动汽车充电桩的布局进行模拟规划，在满足用户充电需求和市政规划要求的条件下，实现充电桩的最优分布。在充电桩建成后，对每个充电桩都进行仿真建模，在虚拟场景中呈现其状态信息，及时监测并反馈到实际运维管理中，及时指导对故障的处理；对储能设备（如电池、超级电容等）进行多物理场、多尺度数字孪生建模，将这些模型应用于监控和预测储能设备的运行情况，从而实现优化配置。

（6）在能源市场方面，能源产业的迅猛发展产生了多元化的新型金融市场服务需求，参与能源交易的各能源公司难免存在大量的隐私数据。运用数字孪生技术的信息安全防御机制，可对网络信息攻击行为进行特征挖掘，构建与数据完整性攻击相关的最优特征属性集；建立安全风险评估准入机制，联合将能源交易信息的安全风险降到最低。

第二节　智慧矿山虚拟开采

一、应用背景

国际矿业正在经历一场深刻的革命，建立绿色、安全、高效的现代化智慧矿山开发与利用体系是未来的发展方向。在这样的背景下，加强现代化智慧矿山的理论基础研究，加快煤炭开采技术的根本性变革，着力解决智慧矿山的开采技术难题。数字孪生作为面向煤炭工业互联互通和智能化的应用，有望发挥连接物理世界和信息世界的桥梁与纽带作用，或将在煤炭开采、视频监控、人机交互等方面提供更加实时、智能、高效的服务。

在矿产资源开采过程中，掘进工作是煤矿井下生产的主要环节之一，对掘进工作面的远程监测与控制关乎煤矿安全、高效和智能生产。基于此，西安科技大学构建智能化掘进装备数字孪生模型，提出"数字煤层、虚拟同步、数据驱动、实时修正、碰撞预测、煤层预测"技术体系，通过虚拟现实、增强现实、混合现实等技术，将数据、模型、预判结果等控制信息进行可视化呈现，实现复杂、危险环境下掘进工作面"数字工作面+虚拟远程操控"的数字孪生模式。

二、案例特点

显然，要实现智慧矿山开采，构建全息感知、多源融合、流程控制和数据交互的数字孪生矿山模型是核心，而如何构建矿山物理—虚拟时空孪生数据平台和基于数字孪生的智慧矿山一体化方案是关键因素，同时也是难点、痛点。

在西安科技大学构建的智能化掘进装备数字孪生模型中，数字孪生数据驱动的掘进设备远程操控系统由感知数据层、模型优化层和智能控制层组成。其中，感知数据层用于煤矿采掘设备的物理空间感知。

在模型优化层，西安科技大学采用了数字孪生技术，将预处理后的实时采集数据借助虚拟模型映射至虚拟空间，利用设备工况数据构建健康状态识别与故障诊断模型，为实现装备智能控制提供数据支撑。同时，借助虚拟现实、增强现实技术，该模型以可视化的方式呈现煤矿掘进工作面设备状态、故障信息、掘进状态、环境状态等复杂多维时空信息，实现人机交互辅助决策和控制。

在智能控制层，通过对数据的深入分析，获得装备故障监测信息及截割断面质量状况，协助操控者处理设备故障。

基于数字孪生数据驱动的掘进装备远程操控逻辑架构，西安科技大学联合中煤科工集团常州研究院为陕煤集团小保当矿业有限公司1号煤矿研发了智能掘进机器人数字孪生系统，该系统的关键在于数字孪生模型、数据传输、数据感知与多机协同控制。

首先，利用多传感器技术实现掘进机器人多个关键部位的实时状态监测；其次，在实现单机控制的基础上，基于煤矿井下巷道掘进经验设计智能掘进机器人工序，并按照巷道掘进工序构建协同控制器，实现多机协同控制；最后，以数字孪生体通用运行架构为基础，设计智能掘进机器人数字孪生系统控制架构。

三、实施成效

通过装备虚拟远程控制系统，西安科技大学实现了掘进过程实时状态监控及人机远程协同作业；实现了掘—支—运平行作业、掘进机精确定位及纠偏控制；实现掘进设备碰撞预警、故障预警等智能分析功能，显著提升掘进工作面和作业人员的安全性。

当前，虚拟现实、增强现实技术在矿山虚拟现实可视化领域的研究取得了一些阶段性成果，但其三维重构和数据驱动能力较弱，尚未形成质的飞跃，还不能对复杂条件下矿山综采工作面进行数字孪生、智能控制及协同、实时监控、实时反馈和交互映射。

未来，随着煤炭智能开采与虚拟现实技术进入深度融合阶段，基于数字孪生的无人化精准开采、透明开采和流态化开采，以及全方位、全时空、智能化监控研究已逐渐迈向前台。数字孪生技术将促进煤矿智能化技术发展，为智慧矿山技术赋能。

第三节　廊坊热电厂数字化转型

一、应用背景

随着国电华北电力有限公司廊坊热电厂精细化管理要求的不断提高，现有的信息化系统已不能满足管理需要，主要体现为：业务覆盖不全，系统未横向打通，数据利用率低，数据缺乏挖掘分析；生产、经营、燃料等管理标准未能融入各业务系统，"两票三制"等关键管理制度管控标准化、流程化、智能化水平存在较大差距，执行效率不高，安全生产和业务管控存在风险点；部门间、专业间、岗位间协同化运作无支撑平台，还有较大潜力可挖。

为响应集团公司战略发展要求，基于廊坊热电厂的实际需求和作为集团公司窗口电厂对外展示的需要，结合集团公司安全生产环保工作新要求，利用云计算、大数据、物联网、移动应用、人工智能等前沿信息技术，在充分利用集团信息化规划建设成果的基础上，按照"云边结合"的理念，廊坊热电厂开启了数字化转型建设。

2019年8月，科环集团华电天仁公司与廊坊热电厂正式签订数字化转型项目合同，通过采购泰瑞数创"SmartEarth 智慧工厂数字孪生系统"产品，对廊坊热电厂进行数字化转型建设，运用数字孪生理念和技术，助力廊坊热电厂"辅助机组节能减排、保障机组安全运行、实现设备精益管理、构建主动安全防控能力、提高工作协同效率、实现资源高效利用"，支撑企业生产管控、业务运营的安全、高效、集约、规范和智能运作，提升企业的科学分析、决策和预判能力，提高设备可靠性，促进机组安全、经济运行。

二、案例特点

首先，廊坊热电厂根据现场和现有数据情况，采用多种建模手段，融合多种类、多层级的数据成果，构建与现实物理世界等比例、高精度的数字孪生电厂。建好的数字孪生电厂将完整还原廊坊热电厂各职能区域，直观、如实反映各专业设备设施空间分布关系及必要状态，满足人员定位管理、视频监控等安全生产应用需求，涵盖建筑结构、地形场景、交通模型、植被要素模型、其他要素模型和专业设施模型等。

其次，廊坊热电厂利用三维模型语义化和属性语义扩展等数字孪生技术，完成设备几何信息、业务信息的融合，实现设备安装、运行巡检过程中的三维仿真和实时互动，以及全厂设备的全程可视化和全生命周期管理透明化。运行管理人员可以在三维虚拟平台中用直观、高效的一体化方式综合浏览热电厂各类信息，包括热电厂本体、接线逻辑以及运行、检修状态等，同时结合智能分析模型，预测设备运行趋势，实现故障提前预警。

廊坊热电厂实现在三维场景中对摄像头的位置、监控范围进行可视化直观展示分析，同时调取视频内容，加强与安全业务关联性，通过视频获取监控信息，加强对重点监控区域的监察管理，实现智能化、一体化门禁监控管理。

最后，廊坊热电厂还构建了设施设备全生命周期数据库，接入设施设备基础属性信息、生产参数监控实时数据、维修维护历史数据等数据信息。当主要设备生产参数监控数据发生异常时，系统在模型中定位到异常设备位置，同时发出报警，当环境参数超过设定的安全值范围时，系统在模型中定位到报警位置，留有相关视频接口，可在报警时调出相应视频。

三、实施成效

廊坊热电厂通过数字孪生和新一代信息技术融入工厂的全过程管理，构建数字化、信息化、智能化的管理平台，全面提升了发电生产、管理、运营水平。通过全面的信息感知、互联，以及智能分析模型，智能判断热电厂设备运行工况，实现一类、二类故障全覆盖，早期预警预判率达到85%以上，提高了设备的可靠性，实现了促进机组经济运行、安全生产、减员增效，为管理提升、高品质绿色发电、高效清洁近零排放电站建设提供技术支撑。

第四节　数字孪生能源互联网规划平台

一、应用背景

能源互联网是以电力系统为核心，利用可再生能源发电技术、信息技术，融合电力网络、天然气网络、供热/冷网络等多能源网及电气交通网形成的能源互联共享网络。能源互联网是促进可再生能源消纳、提升能源使用效率的重要途径，因构成网络多、特性差异大，能源互联网的规划、运行和控制面临大量难题。

在这样的情况下，数字孪生融合了物联网技术、通信技术、大数据分析技术和高性能计算技术，有助于解决能源互联网发展面临的技术问题，尤其是能源互联网的规划。

Cloud IEPS（Cloud-based Integrated Energy Planning Studio）是一款面向综合能源系统规划的数字孪生技术云平台，采用多能源网络能量流计算和优化内核支撑综合能源系统规划设计，用户可根据需求灵活地调整系统能量的梯级利用形式，实现综合能源系统的可视化建模、智能化设备配置、全生命周期运行优化和综合效益评价，从而完成综合能源系统方案的规划设计。

二、案例特点

Cloud IEPS 包含数据管理、拓扑编辑、集成优化和方案评估四大模块，通过流程化设计引导用户快捷操作，各模块配合协作，共同完成综合能源系统的规划设计。各模块的主要功能如下。

（1）数据管理模块：对优化计算、效益评估所需的基础数据进行统一管理，主要包含气象数据、负荷数据、能源信息数据和待选设备信息数据。

（2）拓扑编辑模块：用户利用该模块对综合能源系统的拓扑结构（能量梯级利用的形式）进行设计，包括确定要用哪些种类的设备、设备间的连接方式、设备型号和容量是否限定、设备的容量范围、设备的运行条件、设备或负荷供用能的计价方式等。

（3）集成优化模块：根据用户设置的基础数据和信息，通过优化求解器生成一定数量的满足约束条件的待选方案，各方案按照用户设置的经济性、环保性和能效水平的权重系数进行整体评价，并按顺序排列在方案列表中，用户可以查看每种方案对应的详细配置情况，包括各种设备的选型方案和典型运行方式。

（4）方案评估模块：用户根据情况在选择方案优化模块中的特定方案后，可以进入方案评估模块对方案进行更详细的评估。这主要体现在财务评价上，用户还需要输入一些金融参数，如贷款利率、税率等信息，获得详细的经济性报表。由于不同的方案对应的基础财务评价参数存在不同（如土石方工程用量、控制系统工程、项目管理费用等），因此一般情况下用户需要对方案优化模块中生成的多个方案分别进行评价，最后选择效益最优的方案。在该模块中，用户也可以查看更为详细的环保性和能效水平评价结果。

在 Cloud IEPS 上初步建立起该案例系统所对应的数字孪生模型主要需要两个步骤，分别是数据映射和拓扑映射。数据映射，即将系统运行所涉及的负荷、气象、设备及能源等相关信息录入至 Cloud IEPS 的数据管理模块中，形成对实际系统完整的数据描述；拓扑映射，则是在 Cloud IEPS 拓扑编辑模块中，通过选择和连接对应元件搭建的该案例的拓扑结构，形成系统结构的虚拟镜像。

在建立起 Cloud IEPS 数字孪生模型后，即可调用集成优化模块中的优化算法内核来实现案例系统的优化设计。

三、实施成效

在能源互联网规划中，由于系统还未建成运行，数字孪生参与其中的主要作用是对规划系统建模仿真，并将结果反馈给规划主体以指导规划决策。数字孪生可以检验运行方案的可行性，计算运行成本、资源短缺量、碳排放量等指标，评估运行方案的效果，并提供系统工作点的详细信息；利用摄动参数后的多次仿真，能够帮助运行优化寻找搜索方向。

数字孪生可以准确地考量能源互联网中网络和设备的模型，包括各种含有非线性、离散量和动态的模型，以应对前述能源互联网规划面临的困难。在能源互联网规划中使用数字孪生，一方面能通过数字孪生仿真推演得到能源互联网在各种工况下的运行状态，从而精确地获取上述优化模型需要的信息；另一方面，由于模型本身没有被简化或修改，因此能较为真实地评估运行方案的可行性和效果，并反馈到规划主体中。

相比之下，常用的线性化等简化方法，虽然使得规划问题易于求出最优解，但其结果对于原规划问题的有效性无法得到保证。此外，采用数字孪生的能源互联网规划的可扩展性较强，新增设备或能源形式可通过类似方式建模仿真。

此外，数字孪生有助于处理能源互联网规划中存在的不确定性，如可再生能源发电、电动汽车充电等。借助不确定性建模、场景生成等技术，数字孪生可以对不同的规划方案进行多概率、多场景的仿真模拟，从而从中选取最优方案。

第五节　数字孪生之南方电网

一、应用背景

在智能控制、感知建模、通信等数字技术群体性演变的背景下，电网数字化转型是智能电网建设的必由之路，数字电网是电网在数据规模、质量及智能化程度发展到质变临界点时的产物，也是最终实现电网高度智能化的前提。数字电网的建设不是一蹴而就的，而是依赖于物理电网基础设施的完备以及数字技术的成熟应用。

其中，数字孪生技术作为新兴并发展迅速的数字信息化技术，为推进电网建设全方位感知、网络化连接和稳定化运行提供了新的思路。数字孪生技术以数字化为载体，通过建立从现实空间到虚拟空间的映射，实现对现实空间中设备或系统状态的实时感知，并通过将承载指令的数据回馈到设备或系统，以指导其决策。构建数字孪生电网体系，使电网运行、管理和服务由实入虚，并通过在虚拟空间的建模、仿真、演绎和操控，以虚控实，加强了电网自我感知、自我决策和自我进化能力，支撑电网各项业务数字化运营，使传统作业模式和运营模式产生了革命性变化，开辟了新型数字化智能电网的建设和管理模式，推动了电网数字化和智能化转型。

基于此，南方电网加速推进数字电网建设。2019年，南方电网全面启动数字化转型，连续两年印发数字化转型和数字南方电网建设行动方案，相继上线南网云、人工智能平台、全域物联网平台等，建成了南网智瞰、南网智搜、互联网平台、电网管理平台等一批重要的应用系统，随后相继发布《数字电网白皮书》《数字电网推动构建以新能源为主体的新型电力系统白皮书》《数字电网实践白皮书》等；2021年12月3日，南方电网数字电网集团有限公司注册成立。"十四五"期间，南方电网将投资6700亿元，推进数字电网建设和现代化电网进程，推动新型电力系统构建。智能配电网建设更是被南方电网列入"十四五"工作重点，规划投资达3200亿元，几乎占到了总投资额的一半。

二、案例特点

数字孪生电网是物理维度上的实体电网和信息维度上的虚拟电网同生共存、虚实交融的电网发展形态。数字孪生电网是在数字空间创造一个与物理实体电网匹配对应的数字电网，通过全息模拟、动态监控、实时诊断、精准预测，反映物理实体电网在现实环境中的状态，进而推动电网全要素数字化和虚拟化、全状态实时化和可视化、电网运行管理协同化和智能化，实现物理实体电网与虚拟电网协同交互、平行运转。

数字孪生电网的本质是电网级数据闭环赋能体系，通过数据全域标识、状态精准感知、数据实时分析、模型科学决策、智能精准执行，实现对物理实体电网的模拟、监控、诊断、预测和控制，提高物理实体电网的物质资源、智力资源、信息资源配置效率和运作状态，开辟新型数字化智能电网建设和运行管理模式。

其中，南方电网数字孪生技术的应用主要体现在南网智瞰上。南网智瞰是实现"全网一张图"的门户及应用，基于南方电网数字技术基础平台和数字孪生技术，融合地理、物理、管理和业务信息，建立动态电网，提供灵活组合共享服务模式，是快速响应上层业务应用的平台；融合了关系、图、三维的电力领域数据建模技术，构建了覆盖设备全要素、全时空的数字模型，覆盖源网荷储，支撑全域物联的透明管理。

目前，南网智瞰平台累计接入地理要素超245万个，管理源网荷储2000多种设备类型共1.2亿台设备设施、超10亿份设备台账，接入约570亿条实时数据，实现186万千瓦配电变压器负荷精细化管理、分界点精益线损分析；上线配电网规划、九防管理、线损异常分析等9个典型应用场景，支撑配网规划、电网管理平台、智能台区等13套业务系统图形应用。

此外，电网三维数字化是南方电网"十四五"期间数字化的基础设施，建成南方电网 110 千伏及以上主网数字孪生模型，形成新型电力系统数字主网架示范。南方电网已完成 110 千伏及以上架空输电线路与变电站图形、台账、拓扑等信息治理，76 万个基杆塔、4794 座变电站的坐标准确率达 99%；西电东送"八交十一直"直流线路约 1.5 万千米，佛山供电局、汕头供电局全局 35 千伏及以上架空输电线路约 7000 千米，从 ±800 千伏换流站到 35 千伏变电站共 19 座试点变电站的数字孪生建设。

三、实施成效

在发电领域，南方电网调峰调频公司基于南网智瞰，将发电生产领域"账卡物一致性"管理、缺陷管理、发电设备状态监测等应用的数据进行集成，探索涵盖机组启停状态、可靠性指标、电量统计、缺陷统计等业务场景数据的多维立体融合分析展示。

基于领域信息模型，形成南方电网调峰调频公司生产业务数字化转型建设的方法模式，按照业务框架，策划构建业务模型，精准表达业务需求，实现业务规范与 IT 系统建设的无缝对接。此外，南方电网调峰调频公司还构建了业务领域信息模型建模工具，将业务领域信息模型的构建方法标准化。

以清远抽水蓄能电站为试点，南方电网开展抽水蓄能电站三维建模与可视化的研究及应用，为进一步的数据分析和管理及相关决策优化等应用系统提供三维可视化平台支持，以设备为中心，串联生产管理主要业务活动，彻底消除数据孤岛。

输电方面，三维数字化通道是数字输电的典型应用，以南网智瞰地图服务为基础，通过激光建模技术、模式矢量化技术开展架空线路信息建模、信息模型融合在线监测、机巡等。三维数字化通道是数字输电的基础与载体，支撑线路智能验收、强化数字赋能、开展无人机自动驾驶、提升空间距离监测水平。目前，全网已完成 500 千伏及以上线路数字化通道建设 5.7 万千米，500 千伏及以上线路外部隐患风险点安装智能终端 3700 余套，输电线路无人机巡视 80.8 万千米，机巡业务占比首次超 70%。

变电方面，220 千伏大英山数字孪生变电站，是基于统一数字电网模型开展的物理电网"孪生"数字电网实践案例，全面融入海南数字电网平台，实现生产运行状态实时在线测量以及物理设备、控制系统与信息系统的互联互通，同时贯通主配网动态拓扑，支撑全电压等级全链路的电网拓扑分析。

数字孪生变电站模型设计，从企业级全局出发，统筹兼顾各部门视角和需求，统一设计、消除冗余、加强协同，实现资产全生命周期信息贯通共享。

依据模型层级与设备、部件颗粒度分类，南方电网对每个配电区域、间隔、一次设备、隔离开关和短路器等进行设备实例化，通过相应的编码和电气一次主接线图，实现量测数据实例化；相关数据统一汇聚到南方电网数据中心，形成数据的统一入口、存储、出口；采用 Web 端可视化技术，重构立体孪生世界，实现变电站生产设备、调度运行融合管理。

配电方面，深圳供电局依托南网智瞰平台，打通配电网"全链条"业务视图，实现数字化电网全景、网格化智能规划、智能化台区监控和透明化停电全过程管理，实现配电网管理全链条数字化转型。深圳供电局配电网实现配电网状态、运行、资源等数据的全贯通，融合管理信息、自动化、在线监测和外部数据四大类数据，贯通电网拓扑，实现规划、运行运维和客户服务的横向协同。

用电方面，松山湖数字用电示范区，利用"数字孪生 + 物联网 + 云边融合"技术，构建分层级多能协同优化体系，实现多种能源形式并网运行和高效消纳。松山湖数字用电示范区接入 570 个充电站、3013 个充电桩、6326 个光伏站点、1 组冷热电联产系统、12 个储能站、3 个柔性负荷点、4 个微网；3000 多个复杂并行计算模型，日处理数据量超 200 TB；客户年平均停电时长小于 2 分钟，分布式清洁能源消纳率大于 97%，2021 年度累计减少客户用电经济损失超过 600 万元。

第七章 数字孪生+智慧健康

第一节 数字孪生健康时代

　　数字孪生经历了数化、互动、先知、先觉和共智的演变过程，承载着人类的野心。2020年初，达索系统公司就提出了数字化革命，从原来物质世界中没有生命的"thing"扩展到有生命的"life"。

　　显然，数字孪生的应用绝不止于工业，还将从原子、器件扩展到健康、人体，当数字孪生应用于健康时，将体现关于数字化的更多潜力。

一、从"thing"到"life"

　　数字孪生，经历了从计算机辅助设计/计算机辅助工程建模仿真、传统系统工程等技术准备期，到数字孪生模型的出现和英文术语名称确定的概念产生期。如今，在物联网、大数据、机器学习、区块链、云计算等外围使能技术勃兴下，数字孪生终于进入广泛应用期。

　　过去十年是数字孪生的领先应用期，主要指美国航空航天局、美国军方和通用电气公司等航空航天、国防军工机构的领先应用。而随着数字技术的发展应用，人们在用数字孪生技术重建一个物件、一个系统、一个城市，甚至世界。

回顾过去，数字孪生更多地应用于制造业领域，从飞机、汽车、船舶等高端复杂的制造业，发展到高科技电子行业，以及服装鞋帽、化妆品、家居家具、食品饮料消费产业。在基础设施业中，数字孪生的应用范围日益扩大，如在铁路、公路、核电站、水电站、火电站、城市建筑乃至整个城市中的应用，以及矿山开采方面的应用。

尽管数字孪生系统起源于智能制造领域，但随着人工智能与传感器技术的发展，在更复杂、更多样的社区管理领域，同样可以发挥巨大作用。2020年初，达索系统公司就提出了数字化革命，切入人体健康的管理、疾病预测等。

事实上，健康服务不仅包括医疗服务，还包括健康管理与促进、健康保险及相关服务。发达国家健康服务业规模可达其国内生产总值的10%～17%，而我国健康服务业目前仍以医疗卫生服务为主，前端产业（疾病预防和健康维持类）和后端产业（健康促进和提升类）规模小、内容少、发展滞后，且总量较小。

当前，健康服务业大多聚焦于老年健康服务，对慢性病和亚健康人群的健康服务较为缺乏；而健康服务需求正由线下模式转到以线上为主、线下为辅的新模式，由单次体检转变为长期、连续的监测和干预。

宅在家中的生活模式更使人们意识到家庭场景中健康服务的缺失，如缺乏连续监测以及上传个人健康体征数据的工具，缺乏使居民高效获得签约家庭医生的健康指导和治疗方案的有效通道，缺乏让居民获取高端增值的个性化健康管理服务（如膳食营养、健身服务等）的便捷方式。

数字孪生为家庭健康服务创造了条件——数字孪生在整个生命周期中，在虚体空间中所构建的数字模型，形成了与物理实体空间中的现实事物所对应的在形态、行为和质地上都相像的虚实精确映射。

显然，通过视觉传感器、人工智能芯片、深度学习算法和数字孪生建模技术可实现对家庭成员（尤其是老年人）日常行为活动姿态、健康风险情况的监测与预警，起到全面关爱家庭成员健康、降低服务成本、提高家庭健康服务质量、降低家庭成员健康风险隐患、实现家庭健康的智能化与精细化管理的作用。

二、数字孪生与健康

就数字孪生技术在医疗健康领域的具体应用来看，一方面，数字孪生可以为个体提供实时的健康监测和健康管理；另一方面，数字孪生可以作用于医疗领域的健康系统，为健康系统的实施提供更多的指导。

从个体健康来看，未来每个人都可以拥有属于自己的数字孪生体；把医疗设备数字孪生（如手术床、监护仪、治疗仪等）与医疗辅助设备数字孪生（如人体外骨骼、轮椅、心脏支架等）结合起来，数字孪生体将成为个人健康管理、健康医疗服务的新平台和新实验模型。

具体来看，通过各种新型医疗检测和扫描仪器以及可穿戴设备，可以对人体进行动静态多源数据采集。而虚拟人体则可以基于多时空尺度、多维数据，通过建模被完美地复制出来，其中，几何模型体现的是人体外形和内部器官的外观和尺寸；物理模型体现的是神经、血管、肌肉、骨骼等的物理特征；生理模型体现的是脉搏、心率等生理数据和特征；生化模型是最复杂的，要在组织、细胞和分子的多空间尺度，甚至毫秒、微秒数量级的多时间尺度展现人体生化指标。

基于此，孪生数据就包含了来自人体的数据，如核磁、心电图、彩超等医疗检测和扫描仪器的检测数据，血常规、尿检、生物酶等生化数据，健康预测、手术仿真、虚拟药物试验等虚拟仿真数据，以及历史统计数据和医疗记录等。这些数据可以融合产生诊断结果和治疗方案。

同时，医疗健康服务将基于虚实结合的人体数字孪生，提供健康状态实时监控、专家远程会诊、虚拟手术验证与训练、医生培训、手术辅助和药物研发等服务；数据实时连接保证了物理虚拟的一致性，为诊断和治疗提供了综合数据基础，有助于提高诊断准确率和手术成功率。

对于医疗领域的健康系统来说，首先，在临床领域，数字孪生技术可以构建人体数字孪生体，即建成一个与物理人相连的虚拟人，实现人体健康状态的持续检查、预测和诊断。这种数字孪生体可对人类健康状况进行详细和持续的检查，通过结合患者的个人历史和当前环境（如地点、时间和活动）预测疾病的发生，最后给出最佳预防措施或治疗方案。

实际上，数字孪生在医疗行业中的应用，相当于使用数字化方式去复制物理实体对象或服务，它为相关系统性能测试提供了一个绝对安全的环境。在实际应用方面，它可以提供给医生有关手术成功率的数据，帮助医生做出治疗方案决策。

利用数字孪生技术构建一个虚拟"个体"，每种已知的治疗方案都可以运用在虚拟"个体"上，并获得"治疗"效果，医疗人员由此可推断出最佳治疗方案。数字孪生技术甚至可监控虚拟"个体"，并在疾病出现前发出警报，从而达到真正的个体或患者提前采取预防措施的目的，这正是医疗保健领域的数字孪生模型所需要完成的任务。

其次，创建医院的数字孪生模型，可以使医院管理员、医生和护士在第一时间了解患者的身体状态情况，获取其健康数据。数字孪生为诊疗分析流程提供了一种更高效的方法，在合适的时间内，提醒相关医疗人员，这种方法可大大提高急诊室的使用效率、疏散患者流量、减少医疗成本并增强患者就医体验。此外，数字孪生可用于预防患者的紧急情况，以做好应急处理。同时，数字孪生还可应用于医疗设备的预测性维护，并优化设备的速度和能耗等方面的性能，以完成医院生命周期的优化。

在建立虚拟人体方面，人体比机械要复杂太多，有37万亿个细胞。人体数字化，即基于人体相关的多学科、多专业知识的系统化研究，并将这些研究全部注入人体的数字孪生体中，有利于降低各种手术风险，提高成功率，改进药物研发，提高药物效用。数字孪生体是与实体世界对应的数字化表达方式，数字孪生始于数字化，又不止于数字化，其接受物理信息，更驱动物理世界。从原子、器件应用扩展到健康、人体的应用，数字孪生还将展示关于数字化的更多潜力。

第二节　DISCIPULUS 数字患者

一、应用背景

当前，现代医学正从一门等待、反应、治疗的学科转变为一门预防、跨学科的科学，旨在为患者提供个性化、系统性、精准的治疗方案。基于数字孪生模型，DISCIPULUS 数字患者项目尝试将人体作为一个整体进行建模，并提供个人健康状况的全景视图。

该项目是由欧盟委员会资助的"协调与支持行动计划"的一部分，也是在欧盟第七框架计划（2007—2013年）范围内进行的，旨在确定实现数字患者应用案例的路线图。DISCIPULUS 数字患者项目的合作伙伴包括英国伦敦大学学院、欧盟期刊 *Empirica*、英国谢菲尔德大学、意大利里佐利骨科学院和西班牙的庞培法布拉大学等。

二、案例特点

简单来说，数字患者即特定患者的虚拟呈现，可有助于进行以患者为导向的分析，因为使用连续的数据输入，从而提高了准确性。这种数字孪生可以采取多种形式，建立从只研究身体的一部分到研究身体整体的综合模型。按照制作数字孪生模型的过程，可以分为主动、被动和半主动数字孪生。

主动数字孪生的工作原理是不断更新所用数值模型的参数，这需要不断监测人体系统的不同特征，以估计模型的参数。如在人体体循环中，如果能对外周动脉进行无创监测，那么这种监测将是快速而经济的。由于外周动脉的压力波形很容易测量，因此在体循环的其余部分反演测定波形可以提供一种评估个人健康状况的简单方法。在主动数字孪生模型中，系统循环模型通过在可及的位置连续循环监测，将真实数据输入模型并进行不断调整。这种数字孪生模型能够应用于心脑血管疾病的诊断和监测，如脑卒中、心肌病、心律失常、动脉瘤、动脉狭窄或这类问题同时发生的情况。

被动数字孪生是指使用所获得的数据创建离线模型的映射，这在许多特定受试者的血流建模研究中很常见。这类研究的例子有血流储备分数计算、了解动脉瘤破裂的可能性等。通过在线计算，将测量数据提供给基础模型，被动数字孪生可以增强为主动或半主动数字孪生。

三、实施成效

当然,创建数字患者需要克服一个困难的过程,要对生物医学、数学、生物工程和计算机科学分支进行综合和跨学科的应用研究。并且,由于人体的复杂性,需要经验丰富的人员来创建数字孪生体。此外,收集到的数据必须是完整的,并且适合进行分析应用。由于DISCIPULUS数字患者项目需要更多的数据,迄今为止,仅完成了几个虚拟患者子项目,即便如此,其潜力仍然是巨大的。

第三节 蓝脑计划

一、应用背景

人脑中有大约1000亿个神经元,这些神经元能够对周遭的环境以及所有其他感觉器官获得的刺激进行理解并做出反应。基于此,为了通过逆向工程或数字解构大脑电路以了解其功能,从而使大脑重建成为可能,惠普公司与洛桑联邦理工学院(EPFL)于2005年启动了"蓝脑计划"。

蓝脑计划使用了IBM的eServer Blue Gene计算机(每秒钟能够进行22.8万亿次浮点运算),目的是利用实验中获得的有关神经元三维形状及其电学特性、离子通道和不同细胞产生的蛋白质的数据,来构建一个具有生物学细节的大脑计算机模型。

虽然数字孪生概念在当时并未像现在这般普及,但使用IBM的超级计算机模型来模拟人脑的这种方式，可以视为数字孪生技术应用于健康领域的典型之一。

二、案例特点

在蓝脑计划开展的 13 年后，该项目团队成功发布了他们的第一个数字 3D 大脑图谱——首张小鼠大脑中每个细胞的数字 3D 图谱，为神经科学家提供了小鼠的全部 737 个脑区中的主要细胞类型、数目和位置等先前无法获得的信息，极大地加快了脑科学的研究进展。就像"从原始卫星图像到谷歌地球"，"蓝脑细胞图谱"（the Blue Brain Cell Atlas）允许任何人对小鼠大脑中的每个区域进行可视化，并且可以利用免费下载的数据进行新的分析和建模。

而在此之前，大脑图谱往往由一堆染色脑切片的图像组成，一些显示全脑精确的细胞位置，另一些则显示特定的细胞类型，但没有一个大脑图谱能将这些有价值的数据转换为脑中所有细胞的数目和位置。

"蓝脑细胞图谱"将数百个全脑组织染色数据整合为一个综合性、交互式的动态在线资源，后续有了新发现可以持续更新。这张突破性的数字图谱可用于分析及为特定的脑区建模，是迈向完全模拟啮齿动物大脑的重要一步。

蓝脑计划创始人兼主任 Henry Markram 表示："尽管在过去的一个世纪进行了大量研究，我们仍然只能获得 4% 的小鼠脑区的细胞数量，这限制了我们研究和模拟大脑的努力。但是'蓝脑细胞图谱'解决了这个问题，并给出了我们现今已有的小鼠大脑的全部区域最准确的估计。"

Henry Markram 表示，这个模型可以再现皮质回路的突现性质。当用特定的方法操作时，如模拟触须的挠度，此模型可以得到和实际实验一样的结果。他还说，这个模型可以模拟无法实际操作的实验，这样就能帮助人们了解神经网络中单个神经元的作用了。

三、实施成效

蓝脑计划已经发表了实验结果和数字化重构结果，科学家能够利用它们检验关于脑功能的理论和假说。尽管 Henry Markram 认为这份重构结果只是一个初稿，它并不完善，还不是脑组织的完美数字化复制，实际上，当前的版本的确忽略了许多重要的方面，如神经胶质细胞、血管、细胞缝隙连接、神经可塑性和神经调节，但对于重构和模拟大脑来说，蓝脑计划已经朝着这个方向迈出了重要的一步。

在未来，基于数字孪生来重构和模拟大脑，将成为医学领域的一个新兴领域，通过对人类个体与它对应的数字孪生体进行比较，数字孪生体将有潜力成为丰富的数据来源，用来确定新的、更有效的治疗路线，建立对人体健康与疾病更清晰的认识。

第四节 达索系统数字心脏

一、应用背景

与工业制造的数字孪生相比，基因、细胞、器官、人体的数字孪生显然更加复杂。一辆汽车的零部件有 3 万个左右，波音 777 的零部件数量是 600 万个，航空母舰的零部件是 10 亿个量级的，而人体是由 37 万亿个细胞组成的，每一个细胞在生命周期中要制造 4200 万个蛋白质分子。可以说，人类社会所有机器加起来的复杂度还没有人的一节手指的复杂度高。

即便如此，数字孪生也没有停下向生命科学领域探索的步伐，达索系统公司就在这方面进行了积极探索。达索系统在推动制造城市数字化的同时，全面布局生物、医学领域的数字化。在医学领域数字化方面，达索系统的一个著名的项目就是数字心脏（Living Heart），即在数字世界构建一个数字孪生心脏。

这项工作的基础是心脏生物学、物理学、化学的作用规律，研究心脏如何泵送血液，患者口服降压药后药物分子怎么作用于心脏，捕捉心脏如何通过生物电控制每股肌肉纤维产生收缩力，还原人类心脏的真实运行过程，构建一个心脏数字孪生体。

二、案例特点

达索系统的数字心脏将利用从数据中学习得到的统计模型，通过多维度知识和数据集成的机械建模和仿真进行演绎，模型包含了生理学知识以及物理和化学的基本定律，提供一个整合、扩充实验和临床数据的框架。

达索系统通过云端 3DEXPERIENCE 平台提供数字心脏，即便是最小型的医疗设备企业也能实现高性能计算（High Performance Computing，HPC）。任何生命科学公司都能快速按需访问完整的 HPC 环境，并安全扩展虚拟测试，开展协同工作，同时管理基础设施成本。

3DEXPERIENCE 平台是达索系统开发的一个创新平台，从构思、设计、工程、制造、市场营销、销售到服务,该平台帮助所有参与方在整个创新流程中共享单一数据源并更有效地开展合作,为企业创造价值提供了综合、全面的方法。除采用数据驱动的模式外,3DEXPERIENCE 平台还添加了基于模型的功能,用于定义 3DEXPERIENCE 孪生。3DEXPERIENCE 孪生不仅是一种虚拟表达,还为创建和测试新功能、创新和强化功能提供途径。

利用 3DEXPERIENCE 孪生,企业在向市场发布产品前可以建模、仿真并优化用户体验;借助 3DEXPERIENCE 平台,企业可以通过数据驱动型应用建立数字化连接,在统一、完整的产品定义上开展工作并根据不同职能提供相同数据的对应视图,避免为每个职能保留单独的数据库。这种对数字产品定义的实时访问功能有助于企业加快业务的数字化转型,从而支持可持续的创新流程。

时任达索公司系统的生命科学副总裁 Jean Colombel 指出:"数字心脏项目是达索系统致力于采用高级仿真应用,推进科技发展战略的组成部分。通过打造社区和变革平台,我们开始看到数字心脏项目用于心血管和人体其他部位研究的方方面面,包括大脑、脊柱、足部和眼部,从而在病患护理方面开辟新的领域。"

时任 Caelynx 公司总裁兼首席工程师 Joe Formicola 对此表示:"医疗设备在开发阶段需要成千上万次测试。随着数字心脏进入云端,新设计方案实际上能同时进行无限次的仿真测试,而不再局限于逐次进行测试,这就大幅降低了创新的门槛,更不用说节约时间和成本了。"

三、实施成效

数字心脏的价值巨大。

首先，基于数字心脏可以提高心脏手术质量、降低风险。心脏手术专家可以事先借助数字心脏进行手术预演、规划手术步骤，帮助医生设计最佳手术方案，提高手术质量，降低风险。

其次，基于数字心脏可开展各类心脏临床医学的教学教研。无论是医学院，还是医院，基于数字心脏，可以低成本、高效率、高质量地开展复杂医学手术和解剖教学，提高医生和医学院学者的学习效率。

最后，基于数字心脏将帮助改进药物、医疗器械的设计从而快速通过许可。全球医疗器械行业设计出来的医疗设备，只有45%能够得到监管机构的批准。医疗设备制造商可以借助数字心脏开展药物和医疗设备的仿真实验，大大缩短医疗设备的研发周期，使之能够快速通过医疗部门的认证。

第八章 数字孪生+智慧国防

第一节 国防数字孪生

在世界百年未有之大变局下,国防已经成为大国博弈的主战场,军贸、航空发动机、卫星互联网、大飞机、半导体等国家重大战略安全领域的博弈和竞争加剧。可以说,国防是所有科技战的最高阵地,是经济、民生、产业发展的立国之本、大国之根基。

其中,数字孪生技术在国防领域的应用表现尤为突出,同时,国防领域又引领数字孪生应用达到先进水平。事实上,数字孪生本就发源于国防领域,过去10年其最为引人瞩目的成果也主要与国防、航空航天和汽车等相关。当前,数字孪生技术在武器装备全生命周期方面的应用已经初见成效,军工领先企业参与数字孪生联盟运作,正在加速数字孪生技术的推广,成为国防领域发展的重要推动力。

一、国防数字孪生的价值所在

国防科学技术不仅是很多先进技术的源头,也是大国博弈的战略高地和提升国家科技创新能力的重要方向。然而,尽管国防需求是重要的推动力,但随着武器装备越来越复杂,其研制成本居高不下,研制周期不断延长,影响了国防战略的落实和作战需要,这迫使人们从传统国防体系研发转向数字化国防体系研发，其中，数字孪生技术作为物理世界和数字空间交互的技术，契合国防技术研发的需要，受到了国防领域的广泛关注。

数字孪生强调充分利用物理实体的物理模型与传感器反馈数据、运行历史数据等信息数据，在虚拟世界中构建一个物理实体的镜像数字模型，通过两者的实时连接、映射、分析、反馈，来了解、分析和优化物理实体，全局掌控其实时状态，提供更完善的全生命周期支持服务，涉及物理实体、数字孪生体、孪生数据、连接交互、服务等核心要素。

数字孪生具有实时性、双向性和全周期的特点，这让其能够应用于军事装备研制、生产与运行维护等多个环节，显著提升了武器装备的研制、生产和决策水平。其中，实时性让数字孪生体可对物理实体进行动态仿真，两者之间可实现动态数据实时交互，并根据彼此的动态变化实时做出响应。双向性是指除物理实体向数字孪生体输出数据外，数字孪生体也能够向物理实体反馈信息，并根据反馈信息对物理实体采取进一步的行动和干预。全周期则是指数字孪生可以贯穿产品设计、开发、制造、维护乃至报废的整个周期。

具体来看，首先，借助数字孪生可以推动设计优化、预测装备性能与质量，提高设计的准确性。通过建立数字孪生体，在实际制造出任何零部件之前就可以预测其成品性能与质量，识别设计缺陷，并在数字孪生体中直接进行迭代设计，重新进行制造仿真，保证所有的设计技术指标都可以准确无误地实现，提高设计的准确性，并可大幅缩短研制周期、降低研发成本。

2019年10月，美国海军信息战系统司令部为"林肯"号航母构建了名为"数字林肯"的数字孪生体。基于虚拟试验环境，该数字孪生体可对航母下一代综合战术环境系统、海上全球指挥控制系统等五个信息系统的性能进行测试，在实装部署前通过仿真分析确定其能力差距，提高系统的可靠性、安全性和兼容性。该技术还推广应用在"艾森豪威尔"号航母的模型构建中。

其次，借助数字孪生可以提升制造资源管控效率和质量，降本增效。将产品本身的数字孪生体与生产设备、生产过程等其他形态的数字孪生体形成共智关系，可优化制造流程，合理配置制造资源，减少设备停机时间，提升车间管控效率和质量，进而提高生产资源利用率，降低生产成本。

2017年12月，洛克希德·马丁公司对F-35战机生产线部署采用基于数字孪生技术的"智能空间平台"，将实际生产数据映射到数字孪生模型中，并与制造规划及执行系统衔接，提前规划和调配制造资源。2019年4月，美国海军将数字孪生技术应用于4家船厂的厂区配置，主要目标包括研究船厂焊接车间、物料仓库、办公空间的新布局，改进工作流程、减少无效工时。该计划完成后，船厂每年可节省30多万个工时。

最后，借助数字孪生能够实时精准监测装备运行状态和实际效能，实现装备健康管理。数字孪生技术通过与工业物联网、大数据等技术集成应用，可实时、远程、精准地监测物理实体的运行状态和实际发挥的效能，进行物理实体故障诊断，提高故障分析效率；提早发现潜在的风险和问题，并进行预测性维修；通过实时监控产品的运行状态，并利用大数据分析技术，将装备的真实使用情况反馈到设计端，有助于实现装备的持续有效改进。

2019年9月，美国纽波特纽斯造船厂建立了"福特"号航母先进武器升降机的数字孪生模型，全力解决"福特"号航母先进武器升降机出现的故障，确保升降机正常交付使用。2020年8月，美国国家制造科学中心表示，其正通过美国国防部"用于维修活动的民用技术"（CTMA）为一架 1985 年开始服役的 B-1B "枪骑兵"战略轰炸机创建整机数字孪生模型，用于预测飞机性能，实时诊断飞机结构的健康状况，实现轰炸机服役到 2040 年的目标。

二、引入数字孪生基础设施

想要实现国防数字孪生的最大价值，一方面，需要加强数字孪生技术的顶层谋划，在相关规划中制定明确的数字孪生技术应用战略和目标，搭建关键技术、标准规范、软硬件配套等数字孪生总体发展架构，制定数字孪生技术发展路线图。另一方面，从技术角度来看，最重要的就是引入数字孪生基础设施，同时应开发数字孪生操作系统，让各装备系统实现数据自动化，达到成本更低、研制周期更短的目的。

其中，基础设施包括高速传感网络和数据采集技术，以获取系统实时状态；多专业数字孪生建模技术，以构建系统全要素、高保真模型；高性能计算、人工智能技术，以实现系统、模型、环境等海量数据的高速高效处理、迭代优化和智能决策；开发物联网平台，以实现复杂系统虚实融合等，为国防数字孪生提供技术基础。通过引入数字孪生技术，能够大大降低武器装备的研制成本，缩短研制周期，并且降低运行维护的投入，有助于实现更广泛的"数字孪生+"应用场景，如装备设计、生产制造、预测性维修等典型应用场景。

英国经济学家佩蕾丝曾经提出一套技术经济的范式，把工业革命划分成五次产业与技术革命，即早期机械时代、蒸汽机与铁路时代、钢铁与电力时代、石油与汽车时代和信息与通信时代。回顾产业技术革命，不同的历史发展阶段有着不同的基础设施，一代基础设施支撑一次产业革命。

每一次引导产业技术革命的基础设施都由一组技术相互作用而成，这些技术共同构成技术体系进而形成一个平台，而这个平台为其他创新提供了可能。当技术体系形成一代完善的基础设施时，就有可能孕育一场产业革命，基础设施对于发展国防数字孪生的必要性可见一斑。

从基础设施的视角看，国防数字孪生在解构旧技术体系的同时，也在建立一个新的技术体系，即一个数字孪生技术体系。国防数字孪生技术体系，就是在比特的汪洋中重构原子的运行轨道，通过物理世界与数字孪生世界的相互映射、实时交互、高效协同，在比特世界中构建物质世界的新运行框架和体系。从这个意义上来看，数字孪生基础设施是构建国防数字孪生技术大厦的"地基"。

美国空军研究实验室很早就开展了机身数字孪生体项目建设，并取得了非常突出的效果。后来数字孪生开始应用于其他武器装备，如 WeaponONE 和弹道导弹系统等，结合作战云等技术，实现了构建数字孪生装备体系的目标。

第二节 数字孪生卫星车间

一、应用背景

卫星作为发射数量最多、应用最广、发展最快的航天器，正改变着人类的生活，影响着人类的文明。近年来，卫星产业发展迅猛，转型升级的需求日益增长。随着多波束天线技术、频率复用技术、高级调制方案、软件定义无线电、软件定义载荷、软件定义网络、微小卫星制造，以及一箭多星、火箭回收等技术的发展与成熟，卫星产业正呈现出结构小型化、制造批量化、功能多样化、低成本商业化等发展趋势。

在新技术发展和多样化需求的双重驱动下，卫星产业赢得了发展的新机遇，但也面临着相应的新挑战。当前，卫星工程全生命周期仍存在部分系统数字化程度低、系统间信息交互能力弱、流程间模型演化与数据关联能力差等不足或问题，且卫星产品、卫星车间、卫星网络的数字化、网络化、智能化、服务化水平仍不能满足快速响应、实时管控、高效智能、灵活重构、便捷易用等多样化需求。

其中，卫星车间是卫星制造活动的主体，卫星总装车间主要负责卫星的装配、集成和测试，包括人员、设备、环境、型号产品、工具等诸多生产要素，是卫星制造的重要部门。针对批量化卫星总装型号任务特点，为了实现对卫星总装车间的实时监控，解决总装过程中信息物理融合问题，即物理融合（工装设备交互协作）、模型融合（车间要素模型运行与交互）、数据融合（物理数据、信息数据融合及管理）、服务融合（车间管控服务调用与集成），建立基于模型与数据驱动的集成化管控平台，北京航空航天大学陶飞教授团队与中国空间技术研究院合作，以卫星总装为背景，结合开展的"基于数字孪生的型号 AIT 生产线控制系统研制"项目，设计并研发了一套数字孪生卫星总装车间原型系统。

二、案例特点

陶飞教授团队基于数字孪生车间和数字孪生卫星的概念理论，分别在数字孪生卫星总装车间模型构建、数据采集与控制系统实现、车间集成管控系统搭建方面建立相关模型。

在数字孪生卫星总装车间模型构建上，研究团队对建模方法进行研究，并以验证生产线为例构建车间模型。在数据采集与控制系统实现上，研究团队对卫星总装过程中的在线数据采集与传输系统架构进行设计研究，并实现各要素数据的实时采集以及部分总装设备的控制。在车间集成管控系统搭建上，基于数字孪生卫星总装车间模型构建、数据采集与控制系统研究，搭建了数字孪生卫星总装车间管控系统。

具体来看，在数字孪生卫星总装车间模型构建上，首先，研究团队对车间生产线"人—机—料—法—环"等关键要素的数据属性与结构进行分析，并对所有要素特别是采集要素的具体数据模型进行构建，研究了各要素数据结构的快速构建方法与结构化定义方法。同时，研究团队基于数据模型研究了数字孪生总装车间虚拟模型构建方法，对几何模型、运动模型、控制模型等进行建模，实现模型的协同与融合，并研究了模型交互机制，最后结合数据模型和车间规则库等共同构建了车间级的数字孪生虚拟模型。

在数据采集与控制系统实现上，研究团队针对卫星总装过程数据多源异构且采集时机与频率各不相同的特点，设计分布式的采集网络架构，研究了软硬件结合的协议处理方法。同时，结合边缘计算对每个工装设备和工位的数据进行处理，保证了整个车间数据采集与传输的顺畅，并与构建的数字孪生卫星总装车间模型进行关联，实现了基于实时数据驱动的模型运动与更新以及部分总装设备的控制。

在车间集成管控系统搭建上，系统集成了上述虚拟模型、数据库、采集系统以及部分设备（如自动导引车、机械臂等）的控制系统，实现了对车间各要素的数据实时采集与信息管理、虚拟车间实时同步与状态监控、车间工装设备安全实时控制、车间工艺工单自动处理等功能。研究工作应用在某卫星研制单位的卫星总装数字化批量生产验证线中，系统相关功能在具体总装工艺工序中得到验证，为未来进一步开展数字孪生卫星车间工作奠定基础。

三、实施成效

如果说数字孪生卫星是将数字孪生与卫星工程中的关键环节、关键场景、关键对象紧密结合，重塑了卫星制造的全过程和全周期——从空间维度上，数字孪生卫星与试验验证平台、总装车间、卫星产品、卫星网络等对象或场景实时映射，实现更优、更快的仿真、监控、评估、预测、优化和控制；从时间维度上，数字孪生卫星与总体设计、详细设计、生产制造、在轨管控、网络运维等环节真实同步，形成贯穿卫星工程全生命周期的模型线程、数据线程、服务线程，进而辅助卫星工程各阶段的管控与协同。那么，数字孪生卫星总装车间是不可缺少的关键一环，为卫星生产制造过程的智能高效运行提供了一种可行的技术方案。

数字孪生卫星车间基于数字孪生数据与模型构建了总装车间管理与控制系统，实现了设备状态实时监测、信息管理、工位可视化监测、工艺控制等功能，是数字孪生车间原型系统的典型案例之一。

第三节　卫星副本确保网络安全

一、应用背景

当前，空间系统包括卫星、地面控制站和用户终端，对空间系统的网络攻击能够以低风险、低执行成本的方式破坏数据和造成操作中断等严重后果，其中，构成空间系统的不同组成部分又具有各自的网络漏洞和弱点，尤其是地面段系统。

事实上，一些商业空间系统本就是以市场为导向，而不是从网络安全的角度设计建造的，而传统的以军事防御为目标的空间系统，又因为较慢的设计和开发过程带来了网络漏洞。今天运行的空间系统可能需要整整 20 年的时间才能从方案设计到发射入轨，因此其缺乏识别或应对当今网络威胁的能力。空间系统变得日益网络化，恶意攻击很容易从地面站的单一漏洞扩散到整个卫星网络。

空间系统的网络安全技术一直难以跟上网络攻击手段的发展，因此，为应对网络攻击的挑战，在网络威胁面前保证空间系统的安全，确保完成使命和保护用户，美国空军提出了基于数字孪生技术来确保全球定位系统的卫星网络安全。数字孪生模型就是一个虚拟镜像模型，它建立了一个与物理对象同步的数字对象，使用这种方法，各相关方可以在不同情况下测试一颗卫星，以查明它的脆弱性并制定相应的保护措施，甚至在卫星实物制造之前也能够进行测试。

二、案例特点

2016 年，美国《国防授权法案》第 1647 条通过后，美国太空部队开展了对空军 GPS（Global Positioning System，全球定位系统）导航卫星空间系统的漏洞测试。从基于模型的系统工程审查数千页的设计文档开始，建立了一个 GPS IIR 卫星版本的数字副本，该版本的 GPS 卫星在 1987 年至 2004 年间发射运行，最终的数字副本可以运行在一台笔记本电脑上。

据美国《空军杂志》报道，2020 年，美国空军就使用了 GPS IIF 卫星的数字副本来检测网络安全。该项目是为了响应国会的一项命令而开展的，目的就是测试 GPS 的网络漏洞，测试范围包括卫星、地面控制站以及它们之间的射频链路。

具体来看，博兹·艾伦·汉密尔顿（Booz Allen Hamilton，BAH）公司创建了洛克希德·马丁公司建造的 Block IIR GPS 卫星的"数字孪生"，并试图入侵该系统，以进行渗透测试，并发现 GPS 的网络漏洞。此外，BAH 还对 GPS 卫星的通信链路进行了"中间人"攻击，以识别卫星与其地面控制站之间的潜在弱点。

可以说，应用数字孪生技术创建一个灵活的网络测试平台，即一套可扩展的软件应用程序，可对测试系统进行设计或修改，来演示和验证网络漏洞和防护策略。这个测试平台也可以与外部的系统连接，来生成数据、提供战争推演支持或者进行作战场景研究。

三、实施成效

随着网络技术的快速迭代，未来的卫星将在更长的时间内遇到更极端的外部环境和更频繁的多点网络攻击。为了应对这些挑战，这些空间系统需要越来越复杂的设计，但是因设计复杂而产生网络漏洞的空间系统，会更容易受到网络攻击的威胁。

数字孪生副本和基于模型的系统工程方法可以加强整个采办和维护周期内的系统安全性，实现系统开发需求和分析设计交易；为需求说明和系统展示创建测试场景；模拟对系统的威胁和影响，同时不会对系统关键设施造成损坏；评估新威胁或作战场景对在轨系统设计方案的影响。

实际上，创建数字实体副本的历史可以追溯，彼时，在产品或建筑物的实际开发之前就已经制作了微型模型。实践证明，数字实体副本在开发过程的管理中非常有作用，反过来，这又促进了 3D 建模、计算机辅助设计／计算机辅助制造等不同技术的开发。从缩影到数字复制品，数字孪生可以说是人们在数字化努力过程中的最大成就之一。数字孪生为物理实施方案提供了数字实体，并有助于以一种精确的方式进行评估、开发、性能监控。

当前，大公司在迅速部署数字孪生技术，预计将大规模采用。数字孪生技术可帮助这些公司实现高达 25% 的额外效率，它确保了组织的联系和创造力。数字孪生与物联网一起，可以促进组织的自动化和数字化目标，它还通过提供实时数据指出偏离目标的情况，这些因素正在激励大型组织的管理人员对该技术进行投资。物理世界与数字世界之间的互操作性可能会促进工业 4.0 的扩展，传感器和人工智能等外围技术的发展有望推动工业革命。

第四节 "下一代空中主宰"项目

一、应用背景

"下一代空中主宰"（Next-generation Air Dominance，NGAD）项目是指美国空军下一代战斗机项目。

2014 年，NGAD 项目正式提上日程，最初预期目标是在 2030 年前研制出 F-22 的后继机型。2019 年 6 月，NGAD 项目发生重大颠覆性变化，空军负责采办的助理部长罗珀宣布将重塑 NGAD 项目，重点从提供 F-22 的"继任者"转变为创建一个环境，支撑新旧能力下的网络化部队，可能包括或不包括新飞机。这意味着，NGAD 项目的重点不再是开发一种新型飞机，而是在多个领域（包括空中、太空和网络空间）实现空中优势。

与之呼应的是，美国国防部于 2019 年 3 月发布的五年预算支出计划将 NGAD 项目的预算削减了一半，2024 财年前的预算支出从 132 亿美元降至 66 亿美元。此外，美国空军领导人明确排除了未来五年对下一代战斗机的支出，并且，NGAD 项目预算将致力于开发新一代传感器和通信链路以及开放系统计算架构。

在 NGAD 项目拟采用的新采办策略下，由少数能力强大、地位稳固的国防工业巨头长期把持的作战飞机的设计和制造"特权"及其冗长的研制周期和高昂的发展成本，都将让位于新的开发模式：擅长利用数字工具的新兴公司将效仿汽车工业，在通用底盘的基础上开发出多个型号，再交给专精制造的工厂对其进行批量生产。这一新模式旨在颠覆美国传统的航空航天工业，为 NGAD 项目提供支持。

罗珀以美国空军 20 世纪 40 年代后期至 50 年代中期发展的"百系列"战斗机为例，阐述他所构想的策略。当时，多家公司在短时间内快速推出了数型能力各有侧重的战斗机，但随着航空技术的发展，战斗机的设计日趋复杂，新型号的发展周期往往需要数十年之久，而且只有波音和洛马这样的巨头才能胜任。

罗珀希望仿照汽车行业，分解设计和生产过程，引入更多的公司参与竞争而防止一家独大的局面。这也就意味着，NGAD 项目的采办策略由此将转化为"数字化百系列"。"数字化百系列"将数字工程视为一种新兴方法——依赖于快速数字工程，每隔几年就可以推出一种新的飞机设计，然后批量生产。

即便罗珀对航空工业的未来愿景，即分割单一型号飞机的设计与制造、改进和维护，招致了大量批评，但他的"数字化百系列"设想得到了美国空军高层的全力支持。

二、案例特点

数字工程是 NGAD 项目得以开展的技术核心。数字工程是一种集成的数字化方法，使用系统的权威模型源和数据源，可以在全生命周期内跨学科、跨领域连续传递，支撑系统从概念开发到报废处置的所有活动。

过去，对飞行器进行物理特性建模一直存在挑战，一是需要大量时间和资金，二是交战模型和物理特性模型的计算时间相差很多，这都使得很少有总体方案能够基于物理特性模型，实施广泛的效能、成本和风险权衡分析。因此，进行权衡分析的工程人员只能将单点设计交付到成本估算和任务效能的分析人员手中，由于时间和资金的约束，飞行器进行的迭代一般不多于两次，而迭代结果往往是落在设计空间的边界——最高风险和最高成本的设计。

而基于数字工程的航空装备方案论证，重点是构建并利用交战模型、物理特性模型、模拟器（真实－虚拟－构造，或 L-V-C）模型，生成经济可承受的、互操作的系统需求模型，构建经济可承受的、可行的总体方案设计权衡空间，执行海量备选总体方案在效能、成本和风险上的权衡分析，得到最优总体方案。

其中，重要的一点是形成"公共模型"，即一个在物理上可行的、经济可承受的、互操作的和互依赖的装备解决方案的跨领域模型。公共模型可以用简明的代数格式或代理响应面来表达物理特性模型的输出，直接接入交战层级的模型。使用高性能计算，物理特性建模可在相对短的时间内覆盖总体方案的整个设计空间，从而在可行性、任务效能和经济可承受性之间进行权衡。公共模型还可以将输出内容导入空军"仿真与分析设施"（Simulation and Analysis Facility，SIMAF）飞行模拟器，实施"真实－虚拟－构造"仿真，并且，在 SIMAF 中考虑物理行为可以实现对互操作性的评价。

2019年10月2日，罗珀宣布正式成立先进飞机项目执行办公室（PEO），他在声明中指出，将通过该机构寻求一种更快速、更低廉、更敏捷的持续创新解决方案，通过综合运用模块化开放系统架构、敏捷软件开发和数字工程的"三位一体"工具，对战斗机进行每四年一次的高频率升级，实现"螺旋上升式"研发。该机构还将"把 NGAD 项目转化为空军的'数字化百系列'战斗机，加快先进战斗机的设计、研发、采办和部署"。罗珀同时强调，NGAD 项目虽然采用全数字设计与制造技术，但是不会改变其追求的作战技术。罗珀甚至希望 NGAD 项目所探索的快速迭代方案，应用于 NGAD 项目中的无人机、导弹、指挥控制系统和空军未来研发的军用卫星等重要项目。

罗珀表示，数字工程带来了高水平的拟真度，不仅仅是飞机的设计，就连装配线也可以是数字化的，工程师可以在虚拟模型中进行优化，将装配过程从需要多年培训的技术人员更改为仅需要较低技能的人员。开放式系统架构整体融入设计之中，将使下一代战斗机进入"螺旋上升式"的快速发展轨道，而数字工具对于全生命周期的仿真模拟则有助于降低维护保障成本。

三、实施成效

罗珀的目标是通过发展灵巧软件、开放式架构以及数字工程，在其上整合所有现成的技术，给每一架飞机装备上其所能容纳的最好的技术，将 NGAD 项目中的新型战斗机平台发展周期压缩至五年甚至更短的时长。并且，同类型的飞机能够针对性地发展机载激光武器、多任务平台的多传感器信息融合、资源共享的网络化通信，以及人工智能无人机控制等多种高新技术中的一种，以满足特定需求。

2020 年 8 月，NGAD 项目的采办策略制定完成，罗珀透露该文件在空军领导层内获得了广泛认可。罗珀并未公开项目成本和时间进度等信息，但表示该策略涉及一些假设和权衡，主要围绕通用性、数字工程可能出现的节点，以及在平台上"螺旋上升式"应用新技术，最大的权衡是"与退役飞机相比，怎样尽可能快速地对不同批次的飞机进行螺旋升级"，目前获得的一个重要发现就是，"这些飞机在服役 15 年后需要（我们）付出不成比例的维护保障成本"。

2020 年 9 月 15 日，罗珀宣布"NGAD 项目的全尺寸验证机已开始试飞"，同时"打破了一系列纪录"。罗珀并未透露飞行、能力或采办策略相关的细节，但表示全尺寸演示验证机的试飞是证明使用数字工程技术能够开发全新、尖端的作战飞机的关键一步。此外，罗珀还证实，NGAD 项目的多个任务系统随演示验证机进行试飞，进展顺利。

包括波音公司在内的部分航空航天工业企业已开始采用类似策略，其 T-7A 高级教练机就沿袭了汽车公司广泛采用的基于模型的系统工程方法，波音公司还根据汽车制造原理对 B777 等商用飞机生产线进行了改造，如通过确定性装配方案减少对硬质模具的需求。

第九章　数字孪生+智慧战争

第一节　现代战争之数字化升级

　　武器的更迭是现代科技进步的主要标志。在冷兵器和热兵器时代，基于力学能和化学能的冶金和火药延伸了人们的手足，支撑着人们对于制路权的争夺；机械动力的出现，扩展了战争的广度，也让战域从二维平面扩展到三维空间。当前，得益于数字技术的发展，新型武器频现，正在推动整个战争模式的改变，其中，数字孪生技术作为最重要的数字技术之一，在军事战争方面发挥着重要的作用。

一、战略、战术和战役

　　从历史经验看，军事历来都是最新技术的发展和应用领域。

　　早在2011年3月，美国空军研究实验室（AFRL）的一次演讲中明确提到了数字孪生，期望在飞行器中利用数字孪生实现状态监测、寿命预测和健康管理等功能。2012年，美国空军与美国航空航天局合作召开了数字孪生体技术研讨会，并在2013年发布的《全球地平线》顶层科技规划报告中，将数字孪生和数字线索视为"改变规则"的颠覆性机遇。2018年6月，美国国防部公布了《数字工程战略》，通过整合先进计算、大数据分析、人工智能、自主系统和机器人技术来改进工程实践，在虚拟环境中构建原型进行实验和测试。

具体来看，军事战争从上到下可以分为战略、战术、战役三个层次，而不论是战略层面、战术层面，还是战役层面，数字孪生都发挥着重要作用。

在战略层面，就世界范围来讲，当前的战略决策更多地由智囊团运用头脑风暴和人工推演的方式完成，如"美国空军战略2020—2030年"等就是这样的产物。实际上，因目前技术所限，人类社会的数字孪生体尚不可能完整建立，战略决策所考虑的诸多要素基本还处在粗略的数值研究阶段，当然这个粗略的数值分析模型也可以认为是数字孪生体的基础和基本体现。而且，在可预见的未来里，战略层面的数字孪生还将以基础技术研究为主，但也有可能出现某个特定应用领域、基于数值模型的数字孪生系统，用于推演和评估未来的态势。

战术，即指导和进行战斗的方法，与战略不同，战略对于宏观问题是经过高瞻远瞩而制定的，是指导和运用战术的。针对具体的微观问题，战术必须是具体地针对个别情况而制定的，具有丰富的变化和迅速的反应这两个重要的特点。当前，战术层面的数字孪生体可以说已基本实现，人们最熟悉也最为典型的就是《反恐精英》游戏和飞机训练模拟器，其背后支撑软件皆由基本的战场环境数字孪生体、单兵作战装备的数字孪生体、作战效果的评传等部分组成。由于这些游戏情景已经与真实战场的场景相似，因此在军事训练中也得到了部分应用。军事装备模拟器中的装备已经与真实装备非常相近，成为必不可少的军事装备。

战役层面的数字孪生包括战场环境、作战装备、作战人员、支援装备等应用，作为数字孪生体在战争中的应用，战役层面的数字孪生是最有价值的，也是最具前景的。当前可以见到的数字孪生体应用也多集中于战役层面，例如，用于解决军事装备的维修和寿命预测，或者用于解决当前备战与未来作战任务的研究等。未来，可通过战役数字孪生体为基础的军事体系对抗平台进行模拟推演，甚至有可能进行完全的数字孪生战争。

实际上，这种场景已经在科幻小说和电影中出现，在电影《安德的游戏》中，人类在遭受了一场来自虫族的毁灭性攻击后，花费数年时间培养出"新一代天才"，并将其训练成战士以抵御虫族的再次攻击。其中，训练"新一代天才"的方式，就可以被理解为是基于数字孪生的模拟战争，使得地球上最出色、最聪明的年轻人被选入建立在轨道空间站上的战斗学校，使其相互竞争，为成为国际舰队的指挥官而努力。不仅如此，基于数字孪生的战争，还可以让指挥官远离战场，通过面前的数字孪生体来完成战役指挥任务，从而达成战役计划，这也是数字孪生战场的一个典型范式。

二、数字孪生战场

如前所述，在军事领域，数字孪生技术在战役上的应用是最有价值的，而在数字孪生战役中，战场又是数字孪生应用更为具体的表现。

从字面理解，数字孪生战场就是数字化战场的高级阶段。传统数字化战场建设内容一般包括战场环境、侦察预警、信息传输、指挥控制、后勤保障、数字化部队等，是信息化战争形态下数字技术发展的必然产物。而数字孪生战场的建设内容则应包括所有的战争要素，即自然环境、人造环境、战场装备、信息物理环境、作战力量等，甚至包括指挥艺术、社会文化、政治经济等抽象要素，最终衍生出未来智能化战场的完全数字化形态。

当前，现代战争正在向智能化和体系化方向发展，智能攻击、兵力和火力体系突击、泛在监视等新威胁对战场物理空间生存和保障构成严峻挑战。在这样的背景下，数字孪生战场描绘了一种综合了感知控制技术、人工智能技术、建模仿真技术、数据融合技术的智能化战场目标愿景，其本质是一个战场建设数据闭环赋能体系。

具体来看，数字孪生战场的建设目标是实现战场的"六化发展"，即战场保障要素数字化和虚拟化、战场状态监测网络化和实时化、战场管理决策协同化和智能化。

战场保障要素数字化和虚拟化要求以工程设施、大型装备、作战环境等战场保障要素为核心，为战场建设规划和战场信息化保障建立数字化模型和虚拟化资源服务。

战场状态监测网络化和实时化要求以战场状态信息监测为核心，融合信息采集技术、有线和无线通信技术、物联网技术等形成全域泛在、安全高效的战场感知网络，实时获取并传输动态的战场装备与设施运行、战场环境状态、战场态势情报等海量信息。

战场管理决策协同化和智能化是指以战场管理决策为核心，实现战场规划建设与战场作战保障相协同，作战指挥信息系统平台与战场大数据、云计算、物联网等信息化平台相协同，并通过集成边缘计算、数据挖掘、机器学习、区块链等智能化算法，实现有人干预与无人自主相协同的智能化战场管理决策能力。

数字孪生战场的建设对象主要包括虚拟对象、实体对象和应用服务三个方面。虚拟对象建设是指涵盖战略、战役、战术、技术等多个战争层级的战场数字孪生多胞体虚拟模型建设，实现将战场物理实体从多维度、多视角映射到不同的虚拟空间。以战场设施建设为例，应包含体系规划论证、详细设计、试验鉴定、建设管理、维护管理、作战运用、退役报废等全生命周期的三维视景模型、多尺度地理信息模型和功能仿真模型。

实体对象建设是指围绕战场信息感知终端、信息传输网络、数据计算存储资源开展的数字孪生基础设施建设，以实现数据信息的边缘感知、网络传输和云端处理。以战场设施建设为例，应包含嵌入式设施内部环境传感器与内部设备运维监控终端、有线网络与无线基站、固定或移动式战场数据中心等。

应用服务建设是指构建覆盖战场建设全流程和战场作战运用全要素的数字孪生战场应用服务体系，以实现对虚拟对象和实体对象的资源整合、对作战决策的智能引导、对作战火力链的迭代优化。以战场设施建设为例，应针对规划论证、施工管理、环境评价、技术论证、作战运用等诸多战场设施应用需求，将数值计算、系统仿真、效能评估、智能识别、优化与预测等传统方法与各类战场设施数字孪生结合，创新研发灵活可重用的，面向战场管理部门、战场建设部门、科研技术单位和各级作战部队的应用服务系统。

可以说，数字孪生战场通过数据全域标识、状态精准感知、信息实时获取、模型分析决策、动作监控执行、服务软件定义，建立战场虚拟镜像模型与战场实体的映射关系和实时信息交互，对战场实体进行模拟、监控、诊断、预测和控制，解决战场实体在规划、设计、建设、使用、管理全生命周期中的优化问题，支撑作战行动的智权主导、敏捷高效、精准有序、弹性强韧、可测可预。

在数字孪生战场基础建设方面，美军先后研发了战场信息采集"智能微尘"系统、战场环境远程监视"伦巴斯"系统、武器平台运动侦听"沙地直线"系统、电磁信号侦收"狼群"系统等一系列传感系统，把指挥控制系统、战略预警系统、战场传感系统、战备执勤监控系统、装备物资管理可视化系统等资源整合起来,构建集中统一的战场传感网络体系,实现战场实体基础设施与信息基础设施互联互融互通的目标。

正如恩格斯所说:"一旦技术上的进步可以用于军事目的并且已经用于军事目的,它们便立即几乎强制地,而且往往是违反指挥官的意志而引起作战方式上的改变甚至变革。"数字孪生进入军事战争已经是不争的事实,还将对战场建设产生深远的影响。

第二节 战场感知,数据互联

一、应用背景

战场是军队作战的空间,是敌对双方的军事思想、战略方针、作战意图、作战编成、作战形式和作战手段等在一定时间、空间集中表现和较量的场所。战场是双方一切作战行动的客观基础和制约因素,也是军队和武器装备的载荷体,因此,对于军队而言,理解、预测、适应和利用战场,对战场进行感知来保持并增强其竞争优势就显得至关重要。

可以说,战场感知系统在作战体系中起到类似"眼睛、耳朵"的重要作用,在海湾战争、科索沃战争和伊拉克战争中,美军的地面、水下传感器经常会受到对手的干扰破坏,甚至由于接收对方刻意误导的信息造成判断失误。因此,敌对双方针对战场感知系统的攻击和防护成为现代战争的重要任务之一,战场感知系统的生存能力面临严峻考验。

为加快推进战场感知系统建设,美军先后开展了收集战场信息的一系列传感系统的研究与应用,把指挥控制系统、战略预警系统、战场传感系统、战备执勤监控系统、装备物资管理可视化系统等资源整合起来，构建集中统一的战场传感网络体系，实现战场实体基础设施与信息基础设施互联互融互通的目标。

要知道，在军事领域所获得的数据，尤其是敌方数据一定是不充分的，甚至是不可信的。因此，数据的准确性和可信度高度依赖于战场的感知能力。战场感知系统提供的充分、准确、及时的信息数据是数字孪生实现与运作的基石，这又使得数字孪生逐渐建立和完善的同时，进一步为战场感知提供指导。

二、案例特点

一方面，美军的战场感知网络体系，综合传感器技术、嵌入式计算技术、智能组网技术、无线通信技术、分布式信息处理技术等，主要由各种传感器以及传感器网关构成，具有全维感知战场的核心能力，能够通过各类集成化的微型传感器的协作，实时采集战场环境或监测对象的数据信息。

另一方面，美军的战场感知网络体系涵盖传感器、弹药、武器、车辆、机器人和作战人员可穿戴设备等，可以选择性地收集处理信息、协作执行防御行动和对敌人实施各种效应等。目前，美军已经在全球范围部署了超过数万台射频识别技术设备，战时运用这些先进技术装备，可以实现战场全维全程可视、作战平台互融互联互通。

美国国防部高级研究计划局已研制出低成本的自动地面传感器，这些传感器可以迅速散布在战场上，并与装配在卫星、飞机、舰艇、战车上的所有传感器有机融合，通过情报、监视和侦察信息的分布式获取，形成全方位、全频谱、全时域的多维战场侦察监视预警体系。

此外，美国国防部高级研究计划局还推出了全新的传感器网络，旨在通过小型、低成本的智能漂浮传感器，搭建起分布式传感的"海上物联网"，每一个智能漂浮传感器都可以收集舰船、飞机和海洋生物在该海域活动的状态信息，通过卫星网络进行云端存储和实时分析。

美国陆军在战场上部署了大量的自主传感器或能获取并分析必要数据信息的机器人部件，通过自我感知、持续学习，实现上述设备与网络、人类和战场环境的相互作用，以弥补美陆军在战场传感器网络领域面临的技术不足。美军通过构建陆、海、空、天、电多维一体的战场感知网络，形成集中统一的架构体系，已实现全域覆盖、多元融合、实时处理和信息共享，达到对整个战场及作战的全过程"透彻感知""透明掌控"的目标。

三、实施成效

围绕战场态势感知、智能分析判断和行动过程控制等环节，战场感知系统得以全方位、全时域、全频谱地有效运行，从而破除"战争迷雾"，全面提升基于信息系统的体系作战能力。例如，美军开发的"智能微尘"，体积虽然只有沙砾大小，但是具备从信息收集、处理到发送的全部功能，这将给信息获取带来新的革命：一方面可以消灭侦察盲区，实现战场"无缝隙"感知，提高战场透明度；另一方面，军事物联网能把战场上的所有人员、武器装备和保障物资都纳入网络之中，处于网络节点上的任一传感器，均可与设在卫星、飞机上的各种侦察监视系统相连接，获取本身不具备的对目标空间的定位能力，从而实现感知即被定位的目标。

战场感知系统建立起战场"从传感器到射手"的自动感知—数据传

输—指挥决策—火力控制的全要素、全过程综合信息链，实现对敌方兵力部署、武器装备配置、运动状态的侦察和作战地形、防卫设施等环境的勘察，对己方阵地防护和部队动态等战场信息的精确感知，以及对大型武器平台、各种兵力兵器的联合协同等，实施全面、精确、有效的控制。在未来信息化战场上，战场感知系统还将为信息获取与处理提供崭新的手段。

第三节 分布式作战数据链 Link16

一、应用背景

受互联网的分布式通信的启发，现代分布式作战概念逐渐成为现实。2016年，美国海军水面战系统办公室分析大国竞争的趋势，认为美国海军难以有非对称的优势，因此，应该构建一套新的作战概念。至此，分布式作战成为可以实际应用的方法。

与此前美国海军以航母为核心的兵力投送集中指挥作战模式不同，分布式作战侧重于发挥小型作战单元在作战中的作用，旨在强化个体防空、反舰、反潜能力，使所有作战单元均具备独立作战能力，具有作战单元进攻能力强、力量部署区域分散化以及复合资源支持舰艇战斗的特点。

从作战单元进攻能力强来看，分布式作战在传统战场职能的基础上，强化各类舰艇的作战属性，从驱逐舰到濒海战斗舰，从后勤补给舰到两栖登陆舰，让各平台和单位都配备一定的杀伤载荷，形成可以独当一面的战斗力，起到牵制火力的作用。

对于力量部署区域分散化来说，分布式作战将作战力量广泛分布在不同的作战区域，迫使对手同时应对大量的目标，面临来自不同地理空间的进攻，将火力分散部署在更大数目、战略价值较低的舰船上，有助于保存自身实力，在增强战略纵深的同时降低误判的风险。

此外，分布式作战还强化了舰艇独立和联合防御能力，通过新的网络和战术，辅助其更好地应对来自空中、水面和水下等多域攻击，要求即便是在有战斗损失和指挥控制链路遭到破坏的条件下，也能够执行战斗任务。

当前，从分布式作战的实质来看，要实现分布式作战还需要完成两个突破：一是武器装备要实现数据共享，否则根本实现不了快速的数据交换；二是战场数据的全景式呈现，这可以通过战术数字信息数据链（Tactical Digital Information Link，TADIL，简称Link16）来实现，尽管这种类型的数据还不够丰富，但可以作为数字孪生战场的起点来满足分布式作战，美国海军2021年举办的"无人系统综合战斗问题21"演习就充分利用了Link16的数据传输能力。

二、案例特点

2021年4月19日至26日，美国海军举行"无人系统综合战斗问题21"演习。此次演习以可操作的无人系统为特色，通过Link16进行数据传输，以产生战斗优势。

可操作的无人系统方面包括MQ-9B海洋卫士无人飞行器、中排量无人水面舰艇"海猎人"和"海鹰"，以及带有模块化有效载荷的中小型无人船等。

其中，MQ-9B 海洋卫士无人飞行器与导弹巡洋舰配合使用，执行远程超视距目标。名为 ADARO（阿达罗）的小型无人艇则是在小型企业创新研究计划下开发的，长约 0.9 米，可以协助特种操作员、爆炸物处理技术人员或海军陆战队作业。通过将有人值守和无人值守能力整合到具有挑战性的作战方案中，ADARO 无人系统与美国海军的独立级濒海战斗舰奥克兰号（LCS 24）进行了互动。

但不论是无人 MQ-9B 海洋卫士无人飞行器与导弹巡洋舰配合使用，还是 ADARO 无人系统与独立级濒海战斗舰奥克兰号（LCS 24）的互动，都离不开 Link16 的数据传输。简单来说，数据链就是用于传输机器可读的战术数字信息的标准通信链路，用于战争的战术数据链，通过单一网络体系结构和多种通信媒体，将两个或多个指挥、控制、武器系统联系在一起，从而进行战术信息的交换。当前数据链的特点是具有标准化的报文格式和传输特性。战术数据链除了可用于向飞机、舰艇编队或地面控制站台等战术单位间、小范围区域内的数据交换、数据传送，也可通过飞机、卫星或地面中继站用于大范围的战区，甚至是战略级的国家指挥当局与整体武装力量间的数据传输。

Link16 在功能上是 Link4A 与 Link11 的总和。Link4 数据链是向战斗机传送无线电引导指令的非保密 UHF 数据链，设计初衷是取代控制战术飞机的话音通信，在装备之初它只能进行单向传输；之后经不断改进，它由最初单向的 Link4 发展成为支持双向传输的 Link4A 和 Link4C，功能也扩展为可支持地/海平台与空中平台数字数据通信，因而成为北约海军实施地/海对空引导的重要战术数据链。

Link11 是美军普遍装备的一种 HF/UHF 战术数据链，它是海军舰艇之间、舰—地、空—舰和空—地实现战术数字信息交换的重要战术数据链，其研发始于 20 世纪 60 年代，并于 70 年代开始服役。

基于多军兵种战术作战单元的信息交换的需求，Link16 得以设计，支持通信、导航和识别等多种功能，具有大容量、抗干扰、保密能力强的特点，满足侦察、电子战、任务执行、武器分配和控制等数据的实时交换。

Link16 是"无人系统综合战斗问题 21"演习的基本配置，是各型主战平台实施信息化作战、形成体系作战能力的重要支撑，可以实时提供一系列作战信息，所显示的信息包括具有友军和敌军飞机位置的综合航空图像、一般战场态势感知数据以及空中和地面目标（防空威胁）的放大数据，大大增强战场的感知能力，高效地接近指定目标或避免威胁，提高作战任务效率并减少误伤等不必要的消耗。

三、实施成效

20 世纪 50 年代，苏联的反舰巡航导弹进行实战部署之后，海上分布式作战成为较为现实的选择。美国海军对此做了两个方面的转变：一是改变传统的以高炮为主的防空手段，转为以防空导弹为主的方法；二是发展战术数字信息数据链，主要采用 Link16 的数据链技术。

Link16 的数据链技术实现了战场雷达数据共享，这在作战的时候具有实际的价值，使得战争在跨域协同趋势下，无人机能够抵近评估打击效果和准确度，为火力校射、后续打击行动和战术提供信息支撑，同时提升指挥系统生存力。更进一步地，如果建立了数字孪生战场体系，采用类似云计算的虚拟化方法，让各个作战单元可以获得各种作战资源，那么未来战场将发生天翻地覆的变化，这迫使作战双方或多方寻求及时获得数字孪生战场的能力。

第四节 仿真、集成和建模框架 AFSIM

一、应用背景

20 世纪 80 年代，美国国防部高级研究计划局开发了 SIMNET 模拟器，目的是实现兵棋推演，并且建立一套分布式的仿真"互联网"。尽管 SIMNET 模拟器是美国陆军对基于仿真的初期训练需求，但随着联合作战的需求呈现出来，实现过于细致的工程成为障碍，以至于 SIMNET 模拟器并未达到理想的状况。

基于此，美国空军研究实验室进一步推出了 AFSIM 平台，其中，AFSIM 名称中的"AF"不代表空军，而是反映了整个国防建模仿真社区广泛使用的通用框架。这种命名也意味着 AFSIM 不仅仅是一个模拟飞机的框架。

AFSIM 被设计为一个多域平台，它可以对陆基、海基、空基和天基平台进行建模。

具体来看，AFSIM 最初来自波音公司的 Analytic Framework for Network-Enabled Systems（AFNES）软件，使用 C++ 工具开发而成。作为一个蒙特卡罗模拟工具，AFSIM 可以独立运行并产生分析结果，也可以实时地支持人机闭环实验和作战模拟。

AFSIM 包括一组软件组件，用于创建各种分析应用程序，其中，AFSIM Infrastructure 包括用于仿真的顶层控制和管理、模拟时间和事件的管理、地形数据库管理、通用工具和模拟接口。例如，支持分布式交互仿真（Distributed Interactive Simulation，DIS）协议的接口。AFSIM Components 包含实体（武器平台）的定义以构建场景。这些软件例程包含模型，各种用户定义的载具、传感器、武器，用于定义系统行为和信息流的处理器、通信和轨道管理。

AFSIM 的顶层功能：模拟对象的类层次结构，包括数据驱动的武器平台、载具、传感器、通信、网络、处理器；模拟用于控制时间和/或基于 AFSIM 的模型的事件，以及实体数据的日志类；地理坐标系统的标准数学库；常见的地理空间环境和地形表示形式，导入标准格式；通信网络建模，包括基本无线电收发器和高级通信算法；电子战建模，包括噪声和欺骗性的干扰技术；网络中心行动（Network-centric Operations，NCO）概念中人与系统之间信息流和任务的建模等。

二、案例特点

AFSIM 涵盖广泛的军事模拟，包括通过分析兵棋推演和实验进行的工程、交战、任务和"轻度战役"级别。工程级别包括与其他子系统的短期子系统交互，交战级别包括两个实体或平台之间的简短交流。另一个复杂级别则是任务级别的，如可以包含多达数千个实体的模拟。

AFSIM 使其用户能够将场景缩放到适当的模拟级别，每个后续级别基本都建立在较低级别上，以便创建更复杂的模拟，识别在更简单的模拟中不明显的系统间紧急属性。例如，消耗弹药和燃料储备的战斗效果在交战或任务级别可能不明显，但在战役级别模拟中完全改变了游戏规则。AFSIM 模拟的大小和复杂性的限制因素则是主机平台的存储、内存和计算能力，以及运行模拟所需的相关挂钟时间。

同时，AFSIM 允许用户通过调整与平台相关的各种参数和行为，在处理时间和输出保真度之间设置所需的平衡。

为了实现上述平台类型、保真度、模拟类型的灵活性，AFSIM 使用属性、信息、组件和连接四个架构元素来描述模拟中的每个平台。

属性包括标准数据，如平台名称、类型和从属关系。该子元素可以扩展为包括任务独特的信息，如雷达、光学和红外特征数据，以确定飞机容易被敌方传感器检测到的脆弱性。

信息包含驻留在平台上的数据，以及有关接收这些数据的人如何感知这些数据的详细信息。如显示给飞行员的飞机数据类型（高度、速度、航向、雷达指示等），以及驱动这些显示的原始数据。

组件由各种模型组成，直接控制平台的行为方式。这些模型描述了平台如何在时空中移动、感知周围环境、处理它收集的信息、与其他平台通信、使用其动能和非动能武器库对抗敌方平台以及执行各种其他任务。

连接元素协调平台上各个子系统之间的数据交换，以及与其他平台的通信。与其他平台通信，并使用其动能和非动能武器库对抗敌方平台，并执行各种其他任务。最后，连接元素协调平台上各个子系统之间的数据交换，以及与其他平台的通信。

此外，AFSIM 还具有与其他模拟软件、模拟平台或模拟器相互连接的能力，以提供真正的实时—虚拟—构造的模拟功能。使用分布式交互仿真或其他支持的通信协议，AFSIM 可以与其他仿真或实时实验交互，以提供额外的实体（虚拟和建设性）、系统和子系统模型、威胁系统或其他潜在的模拟能力，这使 AFSIM 能够通过附加功能来增强和/或补充更大的模拟或实验环境，根据需要最好地实现任何给定的测试和分析目标。

三、实施成效

AFSIM 的主要用例之一，就是作为技术成熟的模拟平台。美国空军研究实验室在使用 AFSIM 作为成熟的飞行器自主性测试平台方面进行了大量投资。AFSIM 作为自主模拟测试平台，为基础和应用研究以及高级应用的自主算法的开发、成熟和测试创造了单一、统一的环境。

迄今为止，美国空军研究实验室已将 AFSIM 授权给超过 275 个政府、行业和学术组织，并为 1200 多个用户提供了培训。使用 AFSIM 作为加速飞行器自主开发的虚拟测试平台已被证明非常有效，以至于美国一些政府机构和行业合作伙伴，如国防高级研究计划局、约翰·霍普金斯大学应用物理实验室、佐治亚理工学院也使用 AFSIM。

美国空军研究实验室还与空军生命周期管理中心（AFLCMC）和空军作战集成中心（AFWIC）合作，使 AFSIM 成为分析未来武器系统概念方案的首选工具。此外，空军作战集成中心已将 AFSIM 纳入其能力发展指南。美国空军研究实验室还向其行业合作伙伴表示，AFSIM 将成为用于评估其提案的关键工具。

第五节 从宙斯盾到虚拟宙斯盾

一、应用背景

数字孪生技术在武器装备领域的推广应用具有广阔前景，而武器装备的紧急研制、快速生产和维护维修，更是打赢战争、夺取胜利的重要条件。

武器可通过数字孪生在虚拟空间建立数字模型，将"设计—样品制造—测试—模具修改—样品再制造"这一周期的传统研发模式，变为"建立数字模型—分析测试—修改信息模型—定型生产"的虚拟研发模式。显而易见，在虚拟研发模式中，数字模型的修改不涉及实体样品，修改时间短、成本低，通过调整参数即可实现不同型号的产品快速、灵活转换，必将大大缩短新型装备的研制、定型时间，特别是对于个性化、小批量的特殊装备研发，其优势将更加明显。

此外，一般来说，武器装备性能越先进，维修维护难度越大。依托数字孪生技术，有望解决这一问题，具体做法是：装备交付使用前，在虚拟空间建立装备数字模型，获取、存储装备相关信息；装备使用过程中，通过传感设备，不断将运行数据发给维护维修人员，通过数字模型与物理实体的持续信息交互，实现对装备状态的实时监测。

基于此，洛克希德·马丁公司已经为宙斯盾作战系统开发了数字孪生副本，并且，美国海军开始在舰上虚拟实验室中使用数字孪生技术，并在 DDG 94 "尼采"号、DDG 82 "拉森"号驱逐舰上进行了演示，以评估在作战环境中对抗潜艇和武器的传感能力。

二、案例特点

宙斯盾作战系统是美国海军发展多年的海上防空反舰综合作战系统，其建立初衷是应对来自苏联海军的饱和式反舰攻击，其主力核心硬件是附着于舰岛四周的相控阵雷达。相控阵雷达不同于传统的机械式旋转雷达，相控阵雷达通过移相器来改变发射波束的角度，能做到比传统机械式旋转雷达更快的反应速度，同时便于大规模铺设。借助于新一代军用数据总线，相控阵雷达捕获的数据能以更快的方式通过宙斯盾作战系统进行过滤、分析、决策，便于海军指挥官在战时快速应对。

美国海军于 1983 年首次在提康德罗加级导弹巡洋舰上部署宙斯盾作战系统，经过 30 年的发展已经到了第 9 代。当然，宙斯盾作战系统每次的硬件更新都是谨小慎微的，因为一旦更新，所有的硬件软件都得进行测试。宙斯盾作战系统每四年才会进行一次全面更新，升级周期较长，而且美军的采办流程也不利于宙斯盾作战系统能力的快速部署。

按照现行规定，宙斯盾作战系统的升级包需要先在陆上实验室进行先期测试，等成熟度达到要求后，转入研发测试/作战测试，然后等待战舰进入休航期，再实际部署到战舰上，随舰到实战环境或靶场检验；等战舰返航后，研发团队获得测试数据，再进行修改、认证和下一轮测试，直到通过检验、验证和认证后部署。这个流程要花 18～24 个月，错过当次升级的战舰要等到下一个周期升级，整个流程需 6～9 年，严重制约了宙斯盾作战系统能力的部署速度。

对于此，基于数字孪生的"虚拟宙斯盾"得以被设计出来，其核心就是将升级软件直接执行于虚拟硬件上。虚拟硬件以真实部署于军舰上的硬件设备作为蓝本，以软件的方式来模拟硬件运行。虽然最终还是需要以实际硬件做测试，但是虚拟宙斯盾大大节省了实际测试中可能发生的问题所需要排查的时间，在真机测试之前可以进行大量的软件测试，待全部运行稳定后再进行真机硬件测试。2006 年虚拟宙斯盾先验概念项目首次进行论证，2009 年正式转入研究，2018 年中，美国海军海上系统司令部下属的宙斯盾一体化作战系统项目办公室透露，虚拟宙斯盾已完成在阿利伯克级宙斯盾驱逐舰的上舰测试。

三、实施成效

2019年3月，美国海军使用虚拟宙斯盾系统成功进行首次实弹拦截试验，成为数字孪生应用的里程碑。虚拟宙斯盾系统虚拟了部分宙斯盾作战系统的核心硬件，包含了第9代宙斯盾作战系统的全部代码，可执行全部的作战系统功能，并可直接随舰部署，参与演习。

在不影响被测舰艇实际作战系统的情况下，利用自动测试与再测试（ATRT）设备通过特殊协议从本舰获取实战数据，对作战软件进行现场测试和评估，并在作战软件通过校核、验证与确认（VV&A）流程后，实时在线更新到战舰上，无须等待18～24个月来重新编码、重新测试和再次认证等，从而打破软硬件耦合的传统研制模式，大幅缩短宙斯盾作战系统新能力的升级和部署周期，降低总成本。

在演习结束后，虚拟宙斯盾还可利用自动测试与再测试设备进行重测，模拟许多无法在实战和演习中进行的场景，更全面地测试作战系统软件功能，提高软件研发质量；并可利用算法与改进的程序，为宙斯盾延寿升级，促进其战力显著提升。

第十章　数字孪生 + 航天航空

第一节　数字孪生"智"造航天航空

自 2002 年密歇根大学迈克尔·格里夫斯教授首次提出数字孪生概念，2013 年美国空军在《全球地平线》中将数字孪生视为"改变游戏规则"的颠覆性机遇以来，数字孪生技术就在国防装备制造领域得到了广泛的应用，而航空航天作为国防工业的重要组成部分，其数字孪生技术的研发与应用更加引人关注。

一、数字孪生缘起航天

追根溯源，数字孪生技术在航空航天领域的应用，正式打开了数字孪生发展的大门。美国在"阿波罗计划"时代，应用数字孪生建造了一个与实际飞行飞船 1:1 还原的地面飞船，在地面飞船中模拟实际飞行经历的所有操作，以此来反映实际飞行中的飞船状态，并为飞船的维护提供参考。

具体来看，在"阿波罗计划"中，研发人员制作出了两个完全相同的空间飞行器，其中一个空间飞行器被用于执行任务；另一个空间飞行器留在地球上，被称为孪生体，用于反映执行任务的空间飞行器的状况。在任务执行之前，研发人员利用孪生体进行训练；而到了执行任务的时候，使用孪生体可对执行任务的空间飞行器进行较为精确的仿真实验，借助孪生体反映空间飞行器在执行任务时的状态，并且可以对正在执行任务的空间飞行器进行状态预测，从而为相应的航天员提供可借鉴的决策。

这种方式也可以称为物理伴飞，而这也正是数字孪生在航空航天领域最初的应用。由此可见，实体对象的孪生体与实体对象具有相同的几何形状和尺寸；实体对象的孪生体与实体对象具有相同的结构组成及宏观微观物理特性；实体对象的孪生体还与实体对象具有相同的功用。另外，孪生体可以通过仿真实验来反映和预测真实情况下的对象的运行状况，辅助工作人员做出决策。

2010年，美国航空航天局发布《建模、仿真、信息技术和处理路线图》，明确了数字孪生的发展愿景，认为数字孪生是"一个集成多物理场、多尺度的非确定性分析框架，能够联合高精度物理模型、传感器测量数据、飞行历史数据等，镜像相应孪生飞行器的生命历程"。

这一愿景对美国航空航天局和美国空军具有重要意义，两者的周期性检测和维护，不仅耗费巨大成本，还面临针对性不强、响应速度慢的问题。数字孪生利用模型指导决策的思想正好能够弥补这一能力短缺。通过真实数据驱动数字孪生体更新，响应实际飞行器结构变化，并对实际飞行器的操作、运维进行优化，从而降低维护成本，延长使用寿命。

基于此，同年，美国空军提出了机身数字孪生（Airframe Digital Twin，ADT）的概念，认为它是一个覆盖飞机全生命周期的数字模型。通过集成气动分析、有限元等结构模型，以及疲劳、腐蚀等材料状态演化模型，同时利用机身特定几何、材料性能参数、飞行历史和检测维修等数据动态更新模型，ADT可以准确预报飞机未来行为，并指导决策者为每架飞机定制个性化管理方案，以期延长飞机使用寿命并降低维护成本。

2012年，美国航空航天局又针对飞行器及飞行系统等，给出了数字孪生的明确定义：数字孪生是指充分利用物理模型、传感器、运行历史等数据，集成多学科、多物理量、多尺度、多概率的仿真过程，在虚拟信息空间中对物理实体进行镜像映射，反映物理实体行为、状态或活动的全生命周期过程。

随后，美国通用电气、德国西门子、PTC、达索系统公司等企业将数字孪生的理念应用于企业产品研发之中，自此，数字孪生得到了学术界和工业界的广泛关注。如今，数字孪生的概念得到各领域的广泛重视，各类应用概念层出不穷，数字孪生在各个领域的快速发展彰显了其巨大的价值，而这一切，都离不开数字孪生最初在航天航空领域展现出来的巨大潜力。

二、航空航天数字孪生应用

总结来看，数字孪生技术在航天航空领域的应用可以归纳为设计研发、制造装配和运行维护三个环节。

对于设计研发来说，数字孪生的加入，将改变当前系统工程中的多部门工作方式；以数字孪生为中心的系统工程，在数字主线技术的支撑下，将实现各类信息来源的统一管理，不同部门可以随时访问或补充数字主线中的数据，实现信息的有效交互；通过不同部门横向之间和不同系统级别纵向之间的协同管理，使得部分工作可以并行开展，同时最小化串行迭代中的等待时间，加速设计进程。

例如，通过建立飞行器或者各个零部件的数字孪生体，可以在各零部件被实际加工出来之前，对其进行虚拟数字测试与验证，及时发现设计缺陷并加以修改，避免反复迭代设计所带来的高昂成本和漫长周期。

达索飞机制造公司将 3DEXPERIENCE 平台（基于数字孪生理念建立的虚拟开发与仿真平台）用于"阵风"系列战斗机和"隼"系列公务机的设计过程改进，首次实现质量改进提升 15% 以上。

对于制造装配来说，飞机产品异常复杂，它具有严格的外形气动要求，结构复杂，空间连接紧凑，各类系统布置紧密，零部件数量巨大，并且涉及专业面十分广泛。飞机研发涉及的学科非常广泛，对产品质量要求高，研发难度大，其中工作量最大的为飞机的装配过程，占到整个飞机制造总工作量的 50% 以上。在进行飞行器各部件的实际生产制造时，建立飞行器及其相应生产线的数字孪生体，可以跟踪其加工状态，并通过合理配置资源减少停机时间，从而提高生产效率，降低生产成本。

例如，航空航天制造商洛克希德·马丁公司将数字孪生技术应用于 F-35 战斗机的制造过程中，期望通过生产制造数据的实时反馈，进一步提升 F-35 的生产速度，使得 F-35 的生产速度由最初的每架 22 个月的生产周期缩短至 17 个月，同时，在 2020 年以前，将每架 9460 万美元的生产成本降低至 8500 万美元。

在运行维护环节，为保证系统运行的可靠性，往往需要在容易发生损伤或破坏的位置布置传感器，监测系统状态，其中，对潜在损伤位置的判断通常需要依赖工程经验。而在实际案例中，国际航班存在以下问题：若 A 国的飞机在落地 C 国后发生故障，C 国地勤无法有效解决时，便需要 A 国相关专家进行支援。

毋庸置疑，专家到达现场是最直接且有效的方法，但在这一过程中却不可避免地出现人员调动所产生的费用、长途飞行耗费的宝贵时间，同时飞机的驻场费也相当可观。此时，采用数字孪生技术的"远程专家"显得尤为有效：C 国地勤通过佩戴相关头显设备，将观察到的具体故障部位传给 A 国专家，专家可以通过全息辅导的方式，高效、便捷地解决问题。

此外，在飞行器的维护上，利用飞行器的数字孪生体，可以实时监测结构的损伤状态，并结合智能算法实现模型的动态更新，提高剩余寿命的预测能力，进而指导更改任务计划、优化维护调度、提高管理效能。

第二节　飞行器设计之 GCAir 平台

一、应用背景

飞行器作为典型的高科技含量产品，其快速持续发展使飞行器构件日益呈现多样化、复杂化趋势。随着对飞行器研究得越发深入，维护飞行器的难度也逐渐增加，同时对飞行器研制周期、质量提出了更高的要求。因此，在虚拟空间中分析飞行器的各种运动状态也越发重要。

虽然针对方案设计、需求生成、仿真验证的飞行器设计的仿真系统已经初步形成，但根据复杂任务要求和敏捷开发设计的需要，飞行器设计与制造仍存在两方面的问题：

一方面，在传统开发模式下，都是以单一项目为中心进行方案设计与仿真验证集成的，大多采用串行的研制流程来实现从航天器的设计到服役的整个周期。这样一来，由于缺乏部门间有效的沟通以及对需求的理解，下游开发部门所具有的知识难以融入早期方案的设计与验证中，产品反复迭代使得开发进程较慢，导致产品延期。

另一方面，串行研发模式使得不同部门的知识无法很好地整合，知识经验呈现碎片化，存在"信息孤岛"现象，研制过程中缺乏对数据的收集、整合、挖掘能力，这不仅降低了对动态数据的利用效率，还由于无法充分对原始数据信息进行有效提取，无法及时发现故障根源。

基于此，数字孪生作为联系物理空间与虚拟空间的纽带，以复杂物理建模、实时数据采集与分析、大数据技术、信息物理融合技术为关键技术，构建物理实体在虚拟空间中的孪生体，并复现物理实体的所有状态。数字孪生体能够以实时性、高保真性、高集成性，在虚拟空间模拟物理实体的状态，从而分析飞行器的相关数据记录，提前发现飞行器相关故障征候，辅助操作员进行决策，降低飞行器各类事故的发生概率，从而推进对飞行器的深入研究。

基于数字孪生技术，北京世冠金洋科技发展有限公司研发的"航天飞行器数字孪生技术及仿真平台GCAir"项目，取得了元模型发明专利技术，相关建模标准拓展成为数字卫星建模标准，攻克了关键技术难题，成功实现了数字孪生技术在卫星测控领域的工程应用，填补了国内技术空白。

二、案例特点

航空飞行器数字孪生技术和仿真平台GCAir（以下简称GCAir）旨在利用数字孪生技术构建信息物理融合的设计仿真系统；基于大数据和历史知识库建模技术，根据物理实体的材料特征、空间结构、连接方式等参数，自动生成质量特性、边界条件等孪生模型要素；通过大数据和高性能集群式计算方式，可基于地面试验、测试和遥感数据库进行自动化建模；为构件提供更加高精度、高细度的智能模型，以此来验证构件集成的可行性，进而实现基于模型驱动下研制全过程的闭环数字化集成。

GCAir适用于多源异构模型集成的航空飞行器虚拟集成开发环境，解决了在传统的仿真过程中，不同建模系统下所建立的仿真模型无法直接集成的技术难点，大大提高了多源异构仿真模型集成的效率。多种飞行器整机级模板模型，支持用户使用自己的模型，快速替换其中一个或若干个子系统，从而获得整机级仿真分析环境。

GCAir 让用户在同一平台上完成架构设计、功能设计、性能设计、虚拟试验、虚拟运行，实现了模型集成技术的突破。并且，GCAir 平台支持来源于欧洲开放的功能打样接口（Functional Mockup Interface，FMI）标准，可用于航空的总体设计、飞控系统设计、多电飞机研发、飞发一体化研发、发动机虚拟实验、起落架及制动系统设计和无人机任务规划等方向的仿真模型集成工作。

可以说，GCAir 通过支持实现飞行器系统的虚拟建模，进而打造飞行器的数字孪生体，实现了数字孪生技术的落地应用。GCAir 已成功应用在国产大飞机 C919、国产商用发动机和 611 等科研院所的众多重点航空项目的研发过程中，为中国的航空飞行器制造提供了更加强大的集成化仿真技术和平台。

此外，在实际工程应用中，GCAir 基于数字孪生技术开发的数字卫星仿真平台，可以实现各个子系统仿真模型的虚拟集成、数字卫星的虚拟组装和快速构建，以及充分发挥计算机硬件资源，实现高效率的仿真评估计算。通过 GCAir 可快速开展在轨卫星的故障分析和故障推演工作、快速构建轨道任务评估系统，成功实现了数字孪生技术在卫星测控领域的工程应用。

三、实施成效

GCAir 建立终端进行数据共享，使得设计师可随时访问，极大地丰富了研制工程中的交互性，同时提高了问题的处理效率；对于飞行器的未知状况，GCAir 运用在轨处理算法在航天器的虚拟数字孪生体上进行仿真验证，以此确保方案的可行性。目前，GCAir 已在多所航天器研制单位得到实际应用，部分替代或者减少了卫星产品试验的验证工作，降低研发成本并提升研发效率，在卫星研制工作中发挥重要作用。

同时，基于 GCAir 可以对若干卫星的轨道任务进行分析，研发人员已经成功建设了地面平行试验系统，提高了轨道任务规划和测控技术的水平；宇航员虚拟训练系统也可以为新型航天飞行器/探测器的研发提供支持，具有广阔的市场前景。

第三节　制造装配之 F-35 生产线

一、应用背景

从 1953 年美国一代机 F-100 首飞成功，到 1997 年美国四代机 F-22 顺利首飞，美国在各代机研制与首飞进程上均处于领先地位，其中，F-35 战斗机则是新锐的五代机之一。

事实上，F-35 的研发工作早在 1993 年就已经展开。当时，美国空军和海军都在寻求更新型的战斗机，各种战斗机的开发项目层出不穷。基于此，美国国防部提出了一个新的理论：美国可以开发一个具有多种子型号的通用空中平台以取代海空军所有的老旧战斗机，并且降低采购成本、简化维护流程和操作培训流程，在这一思想的指导下，诞生了联合攻击战斗机计划，而这一计划的最终产物正是 F-35 战斗机。

虽然 F-35 在军事演习中展现出了极强的综合对抗能力，并在各项作战任务中均达成目标。但一开始，每架 F-35 战斗机都需要约 22 个月的生产周期，严重限制了产能。并且，当第一批次 F-35（2 架）开始制造时，每架的生产成本高达 2.44 亿美元。直到 2017 年，F-35 的生产成本仍达到了每架 9460 万美元，这使得 F-35 饱受成本超支的批评，因此，借力工业物联网和数字孪生，洛克希德·马丁公司试图将 F-35 的生产成本降低到 8500 万美元或更低，以减小与四代机的价格差。

二、案例特点

为实现降低成本目标，2017 年，洛克希德·马丁公司在沃斯堡工厂部署了"智能空间"解决方案。"智能空间"是一个工业物联网解决方案，可以通过模型和数据，将现实世界中的流程和移动资产定量化并进行衡量。"智能空间"为制造商的"工业 4.0"战略提供一个基础平台，该平台能够建立一个实时镜像现实生产环境的数字孪生体（将现实数据映射到数字模型上），将现实世界中的活动与制造执行系统相连接，从而实时监测三维空间中的交互，使用空间事件来控制流程并使环境根据工人移动做出反应。

"智能空间"基础平台将定位技术集成到一个单一的生产运行视图中，使制造流程完全可视化。对于空客这样的客户，"智能空间"提供了一个"室内雷达"，与德国 SAP 公司的企业级软件相连接，确保待装配组件及时运到，并实现实时更新的信息管理。

"智能空间"解决了航空航天与防务制造商面临的许多长周期和高复杂性问题。相关客户通常体量巨大，很容易忽视其工具和资产，如果关键物件没有在正确的时间位于正确的位置，将造成漫长和十分昂贵的生产延迟。

"智能空间"叠加数字孪生,使洛克希德·马丁公司成功打造了全新的 F-35 生产线。新生产线能够将以往生产线建成后弃之不用的模型重新利用起来,并在感兴趣的位置添加标签采集相关数据,通过三维模型的变化实时监测生产线运行。这比采用视频能够获取更多的信息,并且支持远程故障诊断。

与此同时,诺斯罗普·格鲁门公司还在 F-35 的机身生产中建立了一个数字线索基础设施,支撑物料评审委员会进行劣品处理决策。其运用数字孪生技术改进了多个工程流程:自动采集数据并实时验证劣品标签,将数据(图像、工艺和修理数据)精准映射至计算机辅助设计模型,使数据能够在三维环境下可视化、被搜索并展示趋势;通过在三维环境中实现快速和精确的自动分析,缩短处理时间,并通过制造工艺或更改组件设计减少处理频率。

三、实施成效

通过流程改进,诺斯罗普·格鲁门公司处理 F-35 进气道加工缺陷的决策时间缩短了 33%,从而获得了 2016 年度美国国防制造技术奖。

当前,数字孪生生产已经成为美国空军和洛克希德·马丁公司的顶层战略,数字孪生能够实现对制造性、检测性和保障性的评价与优化,支撑航空航天装备的生产、使用和保障;通过在役飞行器的数字孪生体和实时数据采集,能够对单个机体结构进行跟踪:基于物理特性(流体动力学、结构力学、材料科学与工程等),使用飞行数据、无损评价数据等所有可用信息进行有充分根据的分析,使用概率分析方法量化风险,并使数据闭环流动(自动更新概率)。

以美国国防部、美国空军和美国航空航天局为首,数字孪生正在被大力推动，并已经在航空航天项目中得到实际应用。未来，美国国防部还将大力推进实施以数字孪生为核心元素的数字工程战略。

第四节　航空飞机的数字孪生维保

一、应用背景

当前，各国军方和民航企业对于价格昂贵的飞行器的维修保障方式，绝大部分仍然是定期检修——在作战飞机或客机完成一定时间的飞行小时或在一个固定的周期性间隔之后进行，这与汽车保养并无不同。然而，这样的方式一方面可能造成过度检修，让飞行器的维修保障成本居高不下；另一方面可能造成失效隐患，导致更严重的机毁人亡事故。

可以说，拆解结构状态良好的飞机带来的高昂的维修保障成本，以及因结构完整性问题导致的低下的装备完好性，一直是飞机健康管理的难题。在这样的背景下，基于数字孪生的结构健康管理应用被寄予希望。

每一个数字孪生体都可以针对特定的已建造装备（其所对应的物理孪生体），反映装备的结构、性能、健康状态和特定使命任务的特性，如已飞行的距离、已经历的失效及维修历史；通过将真实世界的飞行和维修等数据融入模型和仿真系统，能够跟踪特定装备，帮助理解其在真实世界的性能；基于维修历史和已观测到的结构行为等数据，联合其他信息源共同进行特定装备未来性能的预测性分析，得到精细的概率性假设，从而帮助决策者实施飞行控制参数的调整，或者安排何时进行预防性的维修，实现飞行器的健康管理。

基于此，美国通用电气公司（以下简称GE）牵头开展了P2IAT项目，对数字孪生支撑的结构完整性进行预测流程设计。

二、案例特点

GE牵头开发了可扩展、精确、灵活、高效、牢靠（SAFER）的P2IAT框架，将各种不确定性源纳入预测，并将使用和检测数据融合在一起，以利用贝叶斯网络更新和减少预测的不确定性。

该框架使用统计学方法整合了若干种工程分析方法及模型，包括利用飞行记录和飞行模拟器建立概率性的使用和载荷配置的方法，基于有限元和疲劳裂纹扩展模型的概率性结构的可靠性分析，在可探测概率支持下利用检测数据更新概率模型的方法，通过计算失效概率并估算未来检测对其影响的检测决策分析等。框架的输出结果包括估算的裂纹长度分布、预测的检测计划、随着时间变化的可靠性和输出对输入参数分布的敏感性。

诺格公司开发了与GE类似的P2IAT框架和预测流程：利用美国空军研究实验室的"操纵杆-应力实时模拟器"软件，基于统计数据自动生成飞行谱系、分布式载荷和相应应力序列的方法，生成飞行器概率性的使用和载荷配置流程；开发了贝叶斯更新程序，融合了由可生成裂纹长度和深度联合分布的模型产生的当前状态健康评估结果，以及来自无损检测和结构健康监测的传感器数据，同时考虑了模型和传感器数据的不确定性；开发了基于风险和成本的定量综合评估的决策流程。

端到端的P2IAT流程包括从统计数据到应力序列，然后通过裂纹增长代码处理应力历史记录，生成更新周期开始和结束以及下一次预期检测时的裂纹尺寸分布，之后预测了下一个1000次飞行的SFPOF（单次飞行失败概率）。结果表明，发现裂纹所需的检测数量极大减少，同时可将 SFPOF 保持在用户指定的阈值以下,并且减少了用于非安全关键控制点的裂纹修复的检测数量。

诺格公司成功地将多种模型集成到单个飞行器的数字孪生体中,并且综合历史数据库、构型控制、虚拟损伤传感器等功能,通过高逼真度的材料建模(内含原材料数据、材料工艺数据等)交互材料的历史数据,通过高逼真度的结构分析(内含结构模型和载荷历史)交互材料的状态演进信息。

三、实施成效

GE 开展的 P2IAT 项目利用 F-15 机翼的工程数据及实物进行了全尺寸地面测试实验,选择了框架跟踪的 10 个控制点,创建了载荷谱并转化为模拟的飞行数据,设计了加载设备和测试夹具;数据采集的重点在于测试的安全性,以及在不停止测试的情况下快速确定机翼的状态;制订了在实验过程中控制点疲劳裂纹扩展的检测计划,包括数据、校准程序、传感器的位置和方向等信息;最后为每个控制点建立了概率性的应力模型,以及概率性的应力强度因子模型,输入到框架中执行初始的基线裂纹扩展预测。

机翼全尺寸实验演示了该框架可以提高结构诊断和预测的准确性,针对满足用户指定的 SFPOF 阈值要求,相比定期检测的计划,可做出更好的维护决策。

诺格公司 P2IAT 项目的全尺寸地面测试实验与 GE 的实施类似,选取了 10 个控制点,自动计算了执行机构的载荷、执行机构区域垫片的布置及其载荷。在进行数据采集时,为机翼内部控制点选择了 Jentek 绕线磁强计传感器系统,以避免需要拆卸测试件来执行无损检测,还选择了 Luna 光纤传感器系统来对结构的关键区域进行应变监测。此外，由于与 GE 共同使用一对机翼，两者还商讨了一个解决方案，避免安装、仪器操作和数据采集受到影响。

将数字孪生技术应用于结构健康管理，一方面，通过将影响应力集中的制造尺寸差异、影响裂纹扩展的飞行数据和消除失效隐患的维修信息融合到每架飞行器的模型中，从而更好地掌握单机的历史和当前状态。另一方面，在个性化的制造瑕疵、性能缺陷、运行历史之下，通过高逼真度的物理特性模型，分析单机独特的外形特征、结构特性、使用性能约束，从而预知通过传统几何模型无法预测的飞行器在不同飞行条件和环境中的表现。

并且，数字孪生以数字化形式记录了每一架飞行器的制造瑕疵、结构损伤、维护修理等历史，使用户可以通过群体学习更好地掌握问题所在，从而更深层次地改进结构设计。而且，增强预测性维护功能本身就可以让数字孪生更好地优化机群的运行，减少停飞时间。

第十一章　数字孪生 + 元宇宙

第一节　元宇宙是什么

元宇宙（Metaverse）最早出现在科幻小说作家尼尔·斯蒂芬森（Neal Stephenson）于 1992 年出版的第三部著作《雪崩》（*Snow Crash*）中。小说中，斯蒂芬森创造出了一个并非以往想象中的互联网，而是和社会紧密联系的三维数字空间——元宇宙。在元宇宙中，现实世界里地理位置彼此隔绝的人们可以通过各自的"化身"进行交流和娱乐。

《雪崩》的主角 Hiro Protagonist 的冒险故事便在基于信息技术的元宇宙中展开。Hiro Protagonist 的工作是送披萨，在不工作的时候，Hiro Protagonist 就会进入元宇宙。在这个虚拟世界中，人们通过为自己设计的"化身"从事活动，可以进行谈话，甚至斗剑等。

在书中，元宇宙的主干道与世界规则由"计算机协会全球多媒体协议组织"制定，开发者需要购买土地开发许可证，之后便可以在自己的街区构建小街巷，修造楼宇、公园，甚至各种违背现实物理法则的东西。

《雪崩》问世后，1999 年的《黑客帝国》、2012 年的《刀剑神域》以及 2018 年的《头号玩家》等知名影视作品则把人们对元宇宙的解读和想象搬到了大银幕上。总体来说，元宇宙是一个脱胎于现实世界，又与现实世界平行、相互影响，并且始终"在线"的虚拟世界。

一、关于宇宙的宇宙

在概念上，一方面，Metaverse 一词由 Meta 和 Verse 组成，Meta 表示超越，Verse 代表宇宙（universe），合起来通常表示"超越宇宙"的意思。另一方面，关于"元"在流行文化中的用法可以用一个公式来描述：元 +B= 关于 B 的 B。如"元认知"就是"关于认知的认知"，"元数据"就是"关于数据的数据"，"元文本"就是"关于文本的文本"，"元宇宙"也就是"关于宇宙的宇宙"。

显然，无论是"超越宇宙"还是"关于宇宙的宇宙"，元宇宙都是与现实宇宙相区别的概念。实际上，人类在更早以前就有了另一个与现实宇宙相区别的宇宙，那就是想象的宇宙，包括文学、绘画、戏剧、电影。人们幻想出的虚构世界，几乎是人类文明的底层冲动。正因为如此，才有了古希腊的游吟诗人抱着琴讲述英雄故事，诗话本里的神仙鬼怪和才子佳人，莎士比亚的话剧里巫婆轻轻搅动为麦克白熬制的毒药，以及影视剧里让观众感受别人的人生的故事。

当然，在过去，想象中的宇宙和现实中的宇宙是壁垒分明的，人们不可能走进英雄故事里与英雄一同冒险，也不可能见识到神仙鬼怪，不可能与虚构的人物对话、参与虚构人物的人生。但是，随着科技的发展，虚构宇宙和现实宇宙之间的界限被打破，两者逐渐融合，这种融合的结果，就是元宇宙。

二、互联网的终极形态

互联网的诞生是元宇宙的开始。互联网 1.0 时代是一个群雄并起的时代，也是网络对人、单向信息只读的门户网时代，是以内容为最大特点的互联网时代。互联网 1.0 的本质就是聚合、联合、搜索，其聚合的对象是巨量、芜杂的网络信息，是人们在网页时代创造的最小的独立的内容数据，如博客中的一篇网志，亚马逊中的一则读者评价，维基百科中的一个条目的修改，小到一句话，大到几百字，音频文件、视频文件，甚至用户的每一次支持或反对的点击。

事实上，在互联网问世之初，其商业化核心竞争力就在于对于这些微小内容的有效聚合与使用。谷歌、百度等有效的搜索聚合工具，一下子把这种原本微不足道的离散的价值聚拢起来，形成一种强大的话语力量和丰富的价值表达。

但不可否认，尽管互联网 1.0 代表着信息时代的强势崛起，但彼时，互联网的普及度依旧不高，并且，互联网 1.0 只解决了人对信息搜索、聚合的需求，而没有解决人与人之间沟通、互动和参与的需求。互联网 1.0 是只读的，内容创造者很少，绝大多数用户只是充当内容的消费者，而且它是静态的，缺乏交互性，访问速度比较慢，用户互联也相当有限。

20 世纪初，互联网开始从 1.0 时代迈向 2.0 时代，如果说互联网 1.0 主要解决的是人对于信息的需求，那么互联网 2.0 主要解决的就是人与人之间沟通、交往、参与、互动的需求。从互联网 1.0 到互联网 2.0，需求的层次从信息上升到了人。虽然互联网 2.0 也强调内容的生产，但是内容生产的主体已经由专业网站扩展为个体，从专业组织的制度化、把关式的生产扩展为更多"自组织"的、随机的、自我把关式的生产。

个体生产内容的目的，往往不在于内容本身，而在于以内容为纽带、为媒介，延伸自己在网络社会中的关系。因此，互联网 2.0 使网络不再停留在传递信息的媒体这样一个角色上，而是使它在成为一种新型社会的方向上走得更远。这个社会不再是一种"拟态社会"，而是成为与现实生活相互交融的一部分。

博客是典型的互联网 2.0 的代表。博客是一类易于使用的网站，用户可以在其中自由发布信息、与他人交流及从事其他活动。博客能让个人在互联网上表达自己的心声，获得志同道合者的反馈并与其交流。博客的写作者既是档案的创作人，也是档案的管理人。博客的出现成为网络世界的革命，它极大地降低了建站的技术门槛和资金门槛，使每一个互联网用户都能方便快速地建立属于自己的网上空间，满足了用户由单纯的信息接收者向信息提供者转变的需要。而微博正是从博客发展而来的。

当今世界范围内，随着互联网的推广和普及，互联网虚拟世界的仿真程度也越来越高，人们得以真正进入互联网时代，并从互联网 2.0 向互联网 3.0 跃迁。其中，互联网 3.0 时代源自互联网向真实生活的深度和广度进行全方位的延伸，从而达到逼真地全面模拟人类生活程度的效果。

大致来说，互联网 3.0 是一个虚拟化程度更高、更自由、更能体现网民个人劳动价值的网络世界，是一个融合虚拟与物理实体空间所构建出来的第三世界，一个能够实现如同真实世界那样的虚拟世界。而互联网 3.0 的全部功能所构建的景观，正是元宇宙所指向的最终形态。归根结底，元宇宙代表了第三代互联网的全部功能，是互联网绝对进化的最终形态，更是未来人类的生活方式。

元宇宙连接虚拟和现实，能丰富人的感知，提升体验，延展人的创造力和更多可能。虚拟世界从物理世界的模拟、复刻，变成物理世界的延伸和拓展，并反过来作用于物理世界，最终模糊虚拟世界和现实世界的界限，是人类未来生活方式的重要愿景。

第二节　元宇宙走向现实世界

信息技术的发展打开了虚拟世界的大门，也打通了真实世界与虚拟世界之间的连接。真实世界的数字化，积累了虚拟世界的原始信息。随着虚拟世界和真实世界的边界逐渐模糊，两个世界开始相互渗透和影响。在这样的背景下，人们憧憬的虚拟世界成为可将现实同化的"超现实"，而这一概念，就是所谓的"元宇宙"。

一、打破真实和虚拟的界限

虽然元宇宙的概念源于尼尔·斯蒂芬森的科幻作品《雪崩》，但事实上，元宇宙在计算机诞生的第一天就开始发展了，并随着技术的进步和应用的增加，其版本不断进化和迭代。当前，整个人类社会甚至都可以被称为元宇宙的初级阶段，而人们的确朝向元宇宙所设想的未来进行发展和积累。

1984年，威廉·吉布森出版了科幻小说——《神经漫游者》，开启了赛博朋克文学的时代。小说中，主角凯斯是个网络侠客，能让自己的神经系统挂在全球的计算机网络上，并使用各种人工智能技术在赛博空间里竞争生存。吉布森首次提出了"网络空间"的说法，并将这一概念带进了信息时代。

而小说里描述的"同感幻觉"的概念，正是虚拟现实沉浸式体验的原型："媒体不断融合，最终达到淹没人类的一个阈值点。赛博空间是把日常生活排斥在外的一种极端的状况，你可以从理论上完全把自己包裹在媒体中，不必再关心周围实际上发生着什么。"《神经漫游者》打造的"同感幻觉"给了很多人灵感，其中就包括"虚拟现实之父"杰伦·拉尼尔。

拉尼尔边摸索边改进，带着民用的目的，研发了一个成本低廉的系统，也就是现在人们熟悉的"虚拟现实"。只不过，对于当时来说，受限于技术，虚拟现实仍停留在最初的仿造阶段，只是模拟、复制和反映自然，真实品与它的仿造物泾渭分明，人们能一眼判断出真假。

然而，到了计算机时代，当人们可以在更大的带宽上创造这些微小的世界，并使其有更多的互动和更逼真的体现时，虚拟开始走向现实，从仿造走向仿真，以至于只要给计算机电力和智能，给其可能的行为和成长的空间，任何东西都能成为某种程度的仿真。而这种仿真随着技术驱动下的数字化文明的进程变得越来越快，并以循环前进的方式发生，其最终的结果，就是走向元宇宙。

显然，当信息技术出现后，人们获取信息的起点和终点就发生了变化，人们可以从真实世界获取信息，也可以从虚拟世界获取信息。在这个过程中，随着人们利用数字化方式的变化，将真实世界中的文字、图像等信息传入虚拟世界，数字化的真实世界也就出现了；与此同时，人们在计算机中直接进行创作与生产，形成原生的虚拟世界。

其中，虚拟世界之所以能够和真实世界连接，就是因为人类发明了真实世界和虚拟世界之间的信息沟通方式，也就是二进制编码，同时它也是两个世界之间信息的翻译规则和方式。真实世界的信息，在机械和电力等可重复且稳定的资源消耗下，被解构成 1 和 0 这样的可被计算机快速"理解"的信息。

于是,一方面,从互联网到移动互联网,再到物联网,社交、媒体、电商、物流、协作办公等,越来越多的领域被加速地从真实世界映射到虚拟世界中。人们使用的浏览器网页,是对于真实世界信息的整理和组合;人们使用的电商平台,是将真实世界中的商品信息数字化;电商对应的物流体系,则是将真实世界中物品的参数、地理位置、配送状态等信息传递到了虚拟世界中。

另一方面,人们除将真实世界通过数字化的方式在虚拟世界中展现外,也将对虚拟世界的想象通过数字化的方式在虚拟世界中展现。例如,设计师使用各种数字化工具,在虚拟世界里构造出来的形象、场景、特效等;大部分电子游戏更是天然属于原生的虚拟世界,它们的生产和消耗都是在虚拟世界中完成的,几乎每个电子游戏世界都是与真实世界不一样的。

终于,随着数字化进程越来越快,人们从真实世界获得了越来越多的真实或虚拟的信息,真实世界和虚拟世界的界限也由此越来越模糊。

二、从"连接"到"连通"

显然,数字化进程是一个不可逆转的趋势,而人们现在正处于这样的趋势之中。从信息的角度入手,根据计算机相关技术和整个互联网的发展轨迹,元宇宙的发展阶段和终极未来自然呼之欲出。

元宇宙发展的最初阶段,也是元宇宙实现"连接"的阶段。在这个时期,电子计算机处于刚被创造出来的发展初期,人们设计了二进制的编码进行储存和计算,并在此基础上拓展为冯·诺依曼原理。同时,人们也设定了一套标准的"沟通机制",用于代码与计算机"沟通"。正是这样的底层规则，不仅开启了虚拟世界的大门，还将两个完全不同的世界从输入代码的那一刻联系了起来。

计算机技术的不断发展与更新带来了互联网，并逐渐开始其"连接"的使命。在这个过程中，人们从过去的"面对面"信息交流和沟通，变成了基于网络通信的"跨时空"双向信息传递。互联网"连接万物"的特性让人们几乎疯狂地向互联网发送信息，希望与虚拟世界建立联系。当然，彼时受限于网络通信技术，互联网还无法像今天一样进行实时流媒体传输，"连接"的效率也有待提升。

随着互联网"连接"效率的提高，元宇宙也来到了第二阶段，即元宇宙实现"连通"的阶段。当人们对互联网的使用日益增加，人们越来越离不开基于互联网的应用，互联网本身也逐渐作为一种虚拟世界的基础设施存在于真实世界。通信技术的创新和进步也使人们与虚拟世界发生交互的方式获得了改善，人们能够从虚拟世界中实时获取高质量的各种流媒体，同时向虚拟世界中贡献了爆发级别数量的信息。

在这个阶段，虚拟世界和真实世界的界限虽然日益模糊，但是依然没能实现真正的融合。当前，微信、脸书等社交平台构建了虚拟的社交世界，淘宝、亚马逊等电商平台则构建了虚拟的购物世界。事实上，现实世界中的个人或机构都在充当这个元宇宙阶段的扮演者，人们都或多或少都在构建并连接各个"虚拟世界"，从而形成更大的一个彼此都能够在其中生存和发展的"虚拟世界"。

这也是为什么"元宇宙"不是由一个公司所打造的原因。因为"元宇宙"和"虚拟世界"的区别就在于"连通"，每个人的身份也是"连通"的关键一环。每个人在不同平台所构成的"虚拟世界"里，都有完整的一套身份ID，只要不连通，它们就不能作为一个整体，也就不是真正的元宇宙。

至此，元宇宙的终极形态也就被构建出来了——物体全面互联、客体准确表达、人类精确感知、信息智慧解读的一个新时代。未来的元宇宙时代将是一个超级链接时代，一个基于万物互联的超链接时代。它将生成一个物质世界与人类社会全方位连接起来的信息交互网络，人们将感受由此生成的超大尺度、无限扩张、层级丰富、和谐运行的复杂网络系统，呈现在我们面前的将是现实世界与数字世界聚融的全新的文明景观。

在未来，随着我们对虚拟世界不断地建设，虚拟世界的基础设置将会越发完善，并会逐渐地展现出更高的支持效率。其中，内容的丰富度和供给效率将会远超我们的想象，并且会以实时计算、实时生成、实时体验、实时反馈的方式提供内容，从而让我们认为虚拟世界和真实世界无差别。

在这个阶段，虚拟世界的经济体系已经"连通"，经济系统也已完善，同时伴随着对应的管理和治理结构。虚拟世界对真实世界的反哺将到达一个前所未有的高度，人们在真实世界中产生的价值，将会被大规模地投入虚拟世界，并更多地在虚拟世界完成经济和社会意义上的循环与迭代。

三、元宇宙能带来什么

人类的终极使命逃不开生存与繁衍。为了完成使命，人类探索出两个方向，即"向外探索"和"向内探索"。

"向外探索"也是千年来人类文明演化的逻辑所在。显而易见，文明的延续与发展，需要持续且稳定的物理环境作为基础。其中，在人类的历史长河中，15—17世纪是一个非常特殊的时期，以哥伦布、达伽马为代表的欧洲航海家，扮演了地理大发现的主角。

但是，随着人口增加，人们逐渐发现，作为人类社会所诞生的大部分价值——陆地上的土地和资源所能撬动的价值是非常有限的。于是，人类打造一系列的宇宙旅行载具和配套设施，开始不断地向外太空出发，在漫长的星际旅行中繁衍，寻找一个又一个适宜居住的星球。

这也证明了空间的有限性会限制人类的生存和发展。另外，有了生存的空间，人们就需要消耗资源产生能源，再以各种方式将能源进行利用，满足必要的生存和多样化的生活需求。

事实上，我们也可以将"生命"理解为一场对抗熵增的运动，在热力学第二定律的基础上，薛定谔曾表达过，生命的存在就是在对抗熵增定律，它以负熵为生。从热力学的角度来看，人类文明在消耗资源维持有序时，会将熵转移给被消耗的资源，使其熵增大。

而资源的有限性，又会限制人们的生存和发展。对于一个文明来说，能源变革的历史，也是人类社会历史的缩影之一。

因此，"向内探索"成为人类完成使命的另一个途径，元宇宙在其中出演了关键的角色。元宇宙令人兴奋的地方在于，其依托于二进制规则，为人类打开了几乎无限的虚拟生存空间，以及几乎无限的虚拟资源。

虽然虚拟世界的信息技术仍然依赖于真实世界的资源，但从利用效率来看，如果在虚拟世界中达成一个特定目标，则其消耗的真实资源量将会远小于在真实世界中达成相似目标所需要消耗的资源量。

此外，元宇宙让人们拥有了另外一种思路和方式去创造世界。在元宇宙的世界里，人们可以自由地选择生活的场所与场景，两个世界之间的基础设施是连通的，上一秒还处于"云端"的人，下一秒就可以出现在真实世界里。以火星探索为例，当元宇宙实现了完全的连通，人们就可以将自己"上传"到云端或者芯片上，使用更加稳定的云端数据传输或者同样用飞船将芯片大批量送过去，再就地组装一个机械或者仿生躯干，这难道不比基于碳基的躯体迁徙更有效率吗？

事实上，当前人类在"数字化"自身的道路上已经开始了一些令人兴奋的尝试。2019年9月2日，美国作家安德鲁·卡普兰参与了Nectome公司的HereAfter计划，利用人工智能技术和相关硬件设备，成为第一个数字人类"AndyBot"，而Nectome公司将以此为契机，持续进行以计算机模拟的形式复活人类大脑的工程。

元宇宙的未来是值得憧憬的，即便危险，但也迷人。在未来，我们的世界和对世界的认知也会由此改变。

第三节　数字孪生是元宇宙发展的底气

2021年11月2日，新华社发文表示，元宇宙是基于扩展现实技术提供沉浸式体验，以及利用数字孪生技术生成现实世界的镜像。当前，作为连通现实世界和虚拟世界的元宇宙，已经被视为人类数字化生存迁移的未来。可以说，元宇宙想要抵达远方，数字孪生是其中不可回避的一个发展技术。

一、元宇宙的演进需要数字孪生

元宇宙构建了一个脱胎于现实世界，又与现实世界平行、相互影响，并且始终在线的虚拟世界。但在元宇宙理想形态背后，技术的发展是元宇宙初现的前提，技术的集成则是元宇宙爆发的背景。

乔布斯曾提出一个著名的"项链"比喻，iPhone的出现串联了多点触控屏、iOS、高像素摄像头、大容量电池等单点技术,重新定义了手机,开启了激荡的移动互联网时代。正如 iPhone 的出现一样,元宇宙也是一系列"连点成线"技术创新的总和。

元宇宙是高速无线通信网络、云计算、区块链、虚拟引擎、虚拟现实/增强现实、数字孪生等技术创新逐渐聚合的结果,是整合多种新技术而产生的新型虚实相融的互联网应用和社会形态。其中,基于数字孪生技术生成现实世界的镜像则是元宇宙发展不可缺少的一部分。元宇宙所构建的虚拟现实混同社会形态,就像是数字孪生体与现实物理空间的混同形态,使我们可以在现实与虚拟世界中任意穿梭。

具体来看,元宇宙连接虚拟和现实,丰富人的感知,提升体验,延展人的创造力。虚拟世界从物理世界的模拟、复刻,变成物理世界的延伸和拓展,反过来作用于物理世界。从这个角度来说,元宇宙的兴起也可以看作数字空间向三维化阶段进化的第二次尝试。

虽然当前人们还不能准确描绘出元宇宙的景观,但事实上,人们已经以不同的方式生活在元宇宙之中。人们正不断地构建着数字世界,数字化自己及物理世界,而元宇宙的变化过程也会从不同的现实变量出发,如教育、就业、消费等影响着真实社会的生产和生活。

对于元宇宙来说,不同的阶段有着不同的成熟度。如果说信息化和数字化是元宇宙兴起的初级阶段,那么数字孪生就是元宇宙发展的中级阶段。2011 年,迈克尔在《几乎完美:通过产品全生命周期管理驱动创新和精益产品》一书中引用了其合作者约翰·维克斯描述概念模型的名词"数字孪生",并一直沿用至今。

数字孪生就是在一个设备或系统"物理实体"的基础上,创造一个数字版的"虚拟模型"。这个"虚拟模型"被创建在信息化平台上提供服务。值得一提的是，与计算机的设计图纸不同，数字孪生体最大的特点在于，它是对实体对象的动态仿真。

放眼望去，数字孪生是物理实体的"灵魂"。当前，数字孪生技术在经历了技术准备期、概念产生期和应用探索期后，进入了大浪淘沙的领先应用期，随着图书馆、博物馆、各种景点的数字孪生体化，数字孪生还在加速发展，而数字孪生发展的终点，就是走向元宇宙。

二、从数字孪生发展到元宇宙

显然，相较于数字孪生，元宇宙是一个更大的数字概念。

元宇宙的虚拟数据包含两个部分，一个部分是数字孪生的数据，也就是从实到虚的映射，这些虚拟数据包括标准、规章制度、计算方法、规范、预测场景等；另一个部分是纯粹意义的虚拟数据，其中，对于元宇宙强调的沉浸感、真实体验、多种感官体验、多种交互模式这些内容，在传统的数字孪生中是没有的。并且，从场景看，目前元宇宙中的游戏，如社交、虚拟营销等，在传统的数字孪生中也不存在。

也就是说，数字孪生发展到元宇宙的过程，必然是由实到虚，再从虚到虚的转化，然后到可指导行为，而行为进一步导致实的变化，进而产生新的数据。这样的过程可以是开环的，可以是闭环的，也可以是螺旋上升式的。

基于此，从数字孪生发展到元宇宙，就需要针对具体的数字孪生系统，提出显著提升的功能要求来规划改进，综合实现采集能力、传输能力、计算能力（包括虚拟展示能力）、控制能力、执行能力、虚实结合能力的提升，然后整合起来，实现总体能力的显著改进。

例如，在 2021 年初举行的计算机图形学顶级学术会议 SIGGRAPH 上，知名半导体公司英伟达通过一部纪录片，自曝了在 2021 年 4 月公司发布会上，CEO 黄仁勋利用数字替身完成了 14 秒的演讲片段。尽管只有短暂的 14 秒，但黄仁勋标志性的皮衣、表情、动作、头发均为合成制作，并骗过了几乎所有人，这足以震撼业内。作为元宇宙基础之一的数字孪生技术，其高速发展显而易见。

未来，数字孪生技术将为元宇宙中的各种虚拟对象提供丰富的数字孪生模型，并通过从传感器和其他连接设备收集的实时数据与现实世界中的数字孪生对象相关联，使元宇宙环境中的虚拟对象能够镜像、分析和预测其数字孪生对象的行为。因此，可以说，作为对现实世界的动态模拟，数字孪生是元宇宙从未来伸过来的一根触角。

第四节 元宇宙推动数字孪生发展

2021 年 3 月，Roblox（多人在线创作游戏）登陆资本市场，被认为是元宇宙行业爆发的标志性事件，立时掀起"元宇宙"概念的热潮，资本闻风而动。

紧接着 4 月，风靡全球的游戏《堡垒之夜》的母公司 Epic Games，获得新一轮 10 亿美元的高额融资。在国内，2020 年 10 月打造了爆款国产独立游戏《动物派对》模板的虚拟现实工作室 Recreate Games，投资方根据"元宇宙"概念对其估值达数亿元。

与此同时，各大领先互联网企业携大额筹码入场，多家上市公司在互动平台上表示已开始布局元宇宙，如互联网社交巨头的脸书因元宇宙更名为"Meta"。

一、数字孪生投资升温

无疑,未来的元宇宙必然需要具备强大的时空数据处理能力,更需要时空的智能能力,因为这样才能够解决数字孪生与元宇宙中决策、交易、价值实现等各方面的问题,实现真正的虚实融合。基于此,时空数据与数字孪生,成为元宇宙领域的一大投资热点。

据泰伯网不完全统计,2021年,有15家数字孪生、时空数据相关企业完成融资,总规模超10亿元,其中不乏过亿元大单。

在传统的科技企业中,英伟达早早推出面向B端客户的应用平台Omniverse(全能宇宙),这一平台可将物理世界中的物质设计为虚拟产品,将虚拟渲染应用到物理施工环节,最终打造一个工业级B端的全能元宇宙。

作为推出国内首个元宇宙交互产品"希壤"的企业,百度对于元宇宙相关的产品、技术积累主要集中在人工智能、云计算和虚拟现实等元宇宙的基础设施领域,而这些技术同样适用于智慧城市、自动驾驶等现实场景,后者也是百度的发力板块。

二、脱虚向实才能赢在未来

可以看见,元宇宙已经成为热点,连带着不同的B端和G端产业。当然,除真正在基础技术领域深耕的企业外,元宇宙市场也充斥着一些非理性的泡沫。

例如,一些本与元宇宙不相关的企业,也将公司改名为"元宇宙"。

天眼查的数据显示，截至 2022 年 1 月，中国有 510 余家名称含"元宇宙"的企业，超 93% 的企业成立于 1 年内，注册资本在 100 万元以内和 500 万元以上的相关企业各占约 30%。其中，2021 年全年共新增 450 余家名称含"元宇宙"的企业（全部企业状态）。

然而，从产业发展现实来看，尽管元宇宙呈现加速发展态势，但仍处于从 0 到 1 的早期阶段：元宇宙产业依然处于"社交 + 游戏"场景应用的奠基阶段，远未实现全产业覆盖和生态开放、经济自洽、虚实互通的理想状态；元宇宙的概念布局仍集中于扩展现实和游戏社交领域，技术生态和内容生态都尚未成熟，场景入口也有待拓宽，理想愿景和现实发展仍存在漫长的"去泡沫化"过程。

归根结底，元宇宙是一个依靠多重前沿技术发展所搭建的科技产物，因此，元宇宙的发展必然遵循科技本身的产业技术的发展规律，需要在产业技术的研发方面进行突破，才能推进技术朝着既定的方向发展。

这种依靠产业技术突破所推动的社会变革与发展，其底层的核心就是技术的突破，是基于研发所推动的技术进步的产物。也就是说，想要借力元宇宙的公司都需要通过技术研发来迭代产品，以此为元宇宙的搭建助力。如果没有核心技术层面的投入与突破，当元宇宙的非理性泡沫破裂时，没有核心技术支持的企业自然也将随之消失。

因此，在当下，如果关注元宇宙这个方向，真正思考元宇宙产业趋势，就应该重点关注数字孪生技术。简单来说，即使没有元宇宙这个概念，基于当前的两项产业技术——数字孪生技术与可穿戴设备技术进行叠加，并且真正进入普及应用的时候，所谓的元宇宙的样子也能被基本勾勒出来。因为当这两项产业技术走向普及与成熟时，其背后的芯片、算力、传输、数据安全、虚拟现实交互等一系列问题都将获得突破。

在当下，我们与其沉迷在科幻小说中构建元宇宙，不如冷静、理性地关注数字孪生，以数字孪生技术的产业化为起点，从数字孪生城市、数字孪生制造、数字孪生医疗、数字孪生研发等各个层面来开展虚拟现实的数字孪生体构建，并且基于数字孪生技术实现对物理实体世界的管理。

事实上，从这个角度来看脸书、苹果、微软、谷歌、英伟达、富士康等企业，当他们宣布进军元宇宙的时候，都是站在产业技术的角度，尝试着借助技术研发的进步来探索相关的技术与产品，并以实际的具有超前性技术的产品来描绘元宇宙。

正如最先提出 Web2.0 的蒂姆·奥莱利所说："投机加密货币资产所带来的轻松财富，似乎分散了开发员和投资者的注意力，使其无法专注于辛勤工作，打造有用的真实世界服务。"无疑，即使元宇宙作为泡沫破裂，源起元宇宙的技术变革很可能才是最具影响力的。

未来篇　第三篇

第十二章　数字孪生趋势展望

第一节　数字孪生走向技术融合

在技术狂飙突进的年代，数字孪生作为一个对人工智能、大数据、物联网、虚拟现实等技术进行综合运用的技术框架，越来越成为推动数字社会建设的重要力量。随着数字孪生技术体系的不断发展、核心技术快速演进、产业生态持续完备、行业应用走深向实，数字孪生已经成为促进工业、城市、交通、网络等垂直行业实现数字化转型的重要抓手，其中，数字孪生技术融合的发展趋势逐渐显现。

一、数字化理念和数字化技术

一方面，数字孪生是一种数字化理念。显然，数字化技术是人类文明的一个重要分水岭，把人类从工业社会带入数字化社会。从这个视角去理解，数字化社会已经是一个现实世界与虚拟世界并存且融合的新世界。当前，数字化已成为社会结构变迁的核心趋势之一，影响着社会生活的各个方面。

首先，数字化变迁是一场前所未有的连接。以互联网为例，互联网最大的特性之一，就是连接。基于互联网，以智能手机为代表的移动技术能够随身而动和随时在线。今天，人们已经习惯于借助在线连接去获取一切，包括资讯、电影、音乐、出行等。人们不再为拥有这些东西去付出，相反更希望通过连接去获得。

数字化以"连接"带来的时效、成本、价值明显超出"拥有"带来的这一切。亨利·福特"让每个人都能买得起汽车"的理想在今天完全可以演化为"让每个人都能使用汽车"。

其次，数字化变迁是一场史无前例的融合。在数字技术未出现以前，就已经有了虚拟世界的存在。只是那个时候的虚拟世界，以文学、绘画、戏剧、电影等的形式存在，物理世界和虚拟世界是壁垒分明、相互分离的，人们不可能身处物理世界而走进虚拟世界。但是，随着数字科技的发展，物理世界和虚拟世界之间的界限被打破，走向融合。这种融合的结果，就是数字化的未来，即通过连接和运用各种技术，将现实世界重构为数字世界，让数字世界与现实世界相融合。

数字孪生就是这样一种数字化理念，以数据与模型的集成融合作为基础与核心，是对真实物理系统的虚拟复制，复制品和真实品之间通过数据交换建立联系。借助这种联系可以观测和感知虚体，由此动态体察到实体的变化，所以数字孪生中的虚体与实体是融为一体的。

数字孪生将现实世界重构为数字世界，同时，重构不是单纯的复制，更包含数字世界对现实世界的再创造，还意味着数字世界通过数字技术与现实世界相连接、深度互动与学习，共生创造出全新的价值。

简单来说，数字化意味着每一个人都需要更新生活的技能，如在线购买、电子支付、网约车出行以及社群的新社交方式等，人们不得不调整认知能力，跟上变化，否则无法理解眼前发生的一切。而数字孪生所带来的更加广泛的数字化连接、融合更是让数字化尤其不同于此前的任何一个技术时代，这不仅改变了生存方式、发展方式，也改变了价值方式。

另一方面，数字孪生是一种"实践先行、概念后成"的数字技术，数字孪生技术通过构建物理对象的数字化镜像，描述物理对象在现实世界中的变化，模拟物理对象在现实环境中的行为和影响，以实现状态监测、故障诊断、趋势预测和综合优化。为了构建数字化镜像并实现上述目标，需要建模、仿真等基础支撑技术通过平台化的架构进行融合，搭建从物理世界到孪生空间的信息交互闭环。

可以看见，数字孪生与物联网、模型构建、仿真分析等成熟技术有非常强的关联性和延续性。数字孪生具有典型的跨技术领域、跨系统集成、跨行业融合的特点，涉及的技术范畴广泛。尽管目前数字孪生的多个层面的技术已取得了很多成就，但仍在快速演进中。随着数字孪生以及新一代信息技术、先进制造技术、新材料技术等系列新兴技术的共同发展，数字孪生还将持续得到优化和完善。

二、技术融合趋势显现

从广义上讲，人类社会广泛使用的各类数字技术都可以归类到数据世界、虚拟世界和体验世界中。数字孪生技术成为大一统技术，也只有跨技术领域的融合才能让数字孪生发挥最大效用。实际上，当前不同领域的数字技术与数字孪生技术的融合趋势已经逐渐显现。

例如，核心技术层面，几何、仿真、数据三类模型构建技术正在多措并举，不断提升建模效率和精度。一是衍生设计和三维扫描建模技术推动几何建模效率不断提升。衍生设计基于算法指令实现复杂几何模型自动化设计外观，以工业核成像技术为代表的三维扫描建模技术能够捕获测试件内部和外部的完整、精确的图像，直接生成完整的三维立体图像。

二是深度学习和知识图谱沿着两条路径分别提升模型描述的性能

和范围。如利用深度学习进行汽车风洞测试，传统方程法需一天，现需1/4秒。华为构建知识图谱，将采购、物流、制造知识联系起来，实现供应链风险管理与零部件选型。

三是 Altair、ANSYS、Akselos、Cadence、NNAISENSE 和 Synopsis 等仿真工具正在提供新的仿真算法，这些算法以比摩尔定律快得多的速度提高软件性能。英伟达和 Cereberas 的硬件创新可以放大这些收益，从而实现百万倍的性能提升，这将使工程师能够探索更复杂的模型，以反映电池设计和更好的太阳能电池等领域的电学、量子和化学效应，运行速度更快的模型还将导致更快、更可操作的预测性维护模型。

在云计算方面，所有主要的云提供商都在 2021 年推出了重要的数字孪生功能。微软公布了用于建筑和建筑管理的数字孪生体，谷歌为物流和制造推出了数字孪生服务。AWS 推出了 IoT TwinMaker 和 FleetWise，以简化工厂、工业设备和车队的数字孪生体。英伟达推出了面向工程师的 Metaverse，作为英伟达合作伙伴网络的订阅服务。2022年，这三者都可以向早期采用者学习，以改进这些产品，支持更多种类的数字孪生体、更好的集成能力和更好的用户体验。

再如，当前数字孪生正在与人工智能技术深度结合，促进信息空间与物理空间的实时交互与融合，以在信息化平台内进行更加真实的数字化模拟，并实现更广泛的应用。将数字孪生系统与机器学习框架结合，数字孪生系统可以根据多重的反馈源数据进行自我学习，从而几乎实时地在数字世界里呈现物理实体的真实状况，并能够对即将发生的事件进行推测和预演。数字孪生系统的自我学习除可以依赖于传感器的反馈信息外，也可通过历史数据或集成网络的数据学习，大幅提升模拟精度和速度。

可以说，数字孪生与人工智能技术的融合应用，能够大幅提升数字孪生的构建效率和可用性。通过高效地创建更多可能性的数字孪生，寻求最佳方案，并在物理世界得以实现，为人类提供最佳体验的产品，同时推动世界的可持续发展。

过去，数字孪生设计主要关注单一副本的建立，而未来，在多项技术的融合下，从设计库中组合更大规模的数字孪生组件将变得更加容易。

工程师和系统设计人员将花费更多时间根据预先测试的组件设计应用程序，而不是花更少的时间弄清楚如何集成应用程序。这将帮助用户以设计库为基础实现数字孪生组件的大规模组合，进而提升不同设计场景下数字孪生组件的可重用水平，就像开源软件加速了供应链、智能城市、制造、建筑、电网和水利基础设施等领域的软件开发一样。

第二节　标准化势在必行

数字孪生为了消除各种系统，特别是复杂系统的不确定性，通过数字化和模型化，用信息换能量，以更少的能量来消除不确定性。然而，虽然数字孪生技术作为数字时代的重要使能技术，备受学术界和工业界的关注，如何在各领域落地应用更是关注的重点。但数字孪生发展至今，仍存在标准缺失的问题。

正如14世纪逻辑学家威廉提出的"奥卡姆剃刀定律"，生动形象地点明了标准化工作的目的和本质——简化人类生产生活中不断增长的复杂性，"如无必要、勿增实体"。标准的缺失也阻碍着数字孪生的进一步发展与落地应用，亟待相关标准的指导与参考。

一、标准化发展正在提速

尽管数字孪生相关的国际国内标准化均处于起步阶段，尚缺乏系统的标准体系规划，标准缺失问题突出。但值得一提的是，数字孪生的国际国内标准化工作在逐步开展，其意义日益凸显。

从国际范围来看，自 2015 年起，数字孪生就已经吸引了 ISO（国际标准化组织）、IEC（国际电工委员会）和 IEEE（电气与电子工程师协会）等国际标准化组织的关注，各组织正着手推动分技术委员会和工作组，力求从不同的领域和层面出发，探索标准化工作的同时推动相关概念验证项目，助力标准的实施与推广。目前，智慧城市、能源、建筑等领域的数字孪生国际标准化工作已进入探索阶段。

2018 年，IIC（美国工业互联网联盟）成立"数字孪生体互操作性"任务组，探讨数字孪生体互操作性的需求和解决方案，重构与德国工业 4.0 的合作任务组，探讨数字孪生体与管理壳在技术和应用场景方面的异同，以及管理壳支持数字孪生体的适用性和可行性。

2019 年初，ISO/TC 184 成立数字孪生体数据架构特别工作组，负责定义数字孪生体术语体系和制定数字孪生体数据架构标准。

2019 年 3 月，IEEE 标准协会设立 P2806"工厂环境下物理对象数字化表征的系统架构"工作组，简称数字化表征工作组，探讨智能制造领域工厂和车间范围内的数字孪生体标准化。

2019 年 5 月，ISO/IEC 信息技术标准化联合技术委员会（ISO/IEC JTC 1）第 34 届全会采纳中、韩、美等成员国代表的建议，决定成立数字孪生咨询组，并发布《数字孪生体技术趋势报告》。首批咨询组成员来自中、澳、加、法、德、意、韩、英、美等国，中国电子技术标准化研究院（简称电子四院）专家韦莎博士担任该咨询组召集人。该咨询组的工作范围与主要职责包括梳理数字孪生的术语、定义及标准化需求；研究数字孪生相关技术、参考模型；评估开展数字孪生领域标准化的可行性并向JTC1提出相关建议等。

2019年7月，由ISO/TC 184（工业自动化系统与集成）与IEC/TC 65（工业测控和自动化）联合成立的ISO/IEC/JWG21"智能制造参考模型"工作组第8次会议在首尔召开。在此次会议上，成立了"TF8数字孪生资产管理壳"任务组。与会专家进一步明确了该任务组的职责：面对"资产管理壳""数字孪生体""数字线程"等概念丛生的现象，抓取核心发展脉络，梳理数字孪生与智能制造参考模型之间的潜在关系。

2019年11月3日，ISO/IEC JTC1 AG11数字孪生咨询组第一次面对面会议在新德里召开。各国代表围绕数字孪生关键技术、典型案例模板进行了交流，重点讨论了AG 11数字孪生咨询组中期研究报告。

2021年，ISO/IEC JTC1 WG11（智慧城市工作组）成立了城市数字孪生和操作系统专题研究组。该研究组专门研究讨论数字孪生技术在智慧城市中的应用场景、预研分析和技术方案，并计划发布相关标准化成果物。后续，该组织将基于国内及国外专家在城市数字孪生参考架构、案例分析等方面的成果，推动开展相关国际标准研制工作。

2020年，ISO/IEC JTC1 SC41成立WG6（数字孪生工作组），开展数字孪生相关技术研究，并推动了ISO/IEC 5618《数字孪生概念与术语》和ISO/IEC 5719《数字孪生应用案例》两项国际标准的预研和立项工作。

ISO/TC 184/SC 4（工业数据分技术委员会）立项并发布了ISO 23247—1:2021《自动化系统及集成 – 面向制造的数字孪生系统框架 – 第1部分：

概述与基本原则》。

近年来，ITU-T 也加大了数字孪生相关技术的标准化工作，在 SG17（安全研究组）、SG20（物联网及智慧可持续城市研究组）分别立项了数字孪生技术相关应用需求、参考框架及安全框架等国际标准。

IEEE 推进了数字孪生在智能工厂中应用的相关标准项目，如 IEEE P2806 系列标准《智能工厂物理实体的数字化表征系统架构》《工厂环境中物理对象数字表示的连接性要求》。

从国内来看，随着全国信息技术标准化技术委员会等国内标准化组织的关注和推动，数字孪生标准化工作进入了起步阶段，TC28、TC485、TC426、TC230 等技术标准组织分头推进数字孪生相关技术标准，促进产业落地发展。

2019 年 11 月，北京航空航天大学联合电子四院、机械工业仪器仪表综合技术经济研究所等国内 12 家单位联合发表《数字孪生标准体系探究》，提出数字孪生标准体系框架和结构。

2021 年 3 月，全国信息技术标准化技术委员会智慧城市工作组成立了城市数字孪生专题组，负责开展城市数字孪生标准体系研究、城市数字孪生关键标准研究，并推动标准试验验证与应用示范工作，目前，已完成了国内城市数字孪生标准《智慧城市 数字孪生 第 1 部分：技术参考架构》的预研究工作，并进入了国家标准申报流程。同时，国内相关产学研用单位共同开展了城市数字孪生标准体系的研究工作，并编制了白皮书。

2020 年 9 月，全国信标委物联网分委会下设数字孪生工作组，开展数字孪生技术相关标准研制工作。此外，全国智能建筑与居住区数字化标准化技术委员会设立 BIM/CIM 标准工作组，探索开展 BIM/CIM 标准研制工作。全国地理信息标准化技术委员会从测绘、地理信息两个方面推动相关标准研制工作。

二、标准化的迷途

就当前数字孪生的标准化进程来看，数字孪生标准化工作还处于初级阶段：一是数字孪生缺乏相关术语、系统架构、适用准则等标准的参考，导致不同人群对数字孪生的理解与认识存在差异；二是数字孪生缺乏相关模型、数据、连接与集成、服务等标准的参考，导致模型间、数据间、模型与数据间集成难、一致性差等问题，造成新的孤岛；三是数字孪生还缺乏相关适用准则、实施要求、工具和平台等标准的参考，造成用户或企业对于如何使用数字孪生产生困惑。

具体来看，首先，数字孪生技术是集众多数字技术之大成的综合性数字技术，这也使得数字孪生的术语和概念、参考架构和框架等相较于单一的数字技术更具复杂性。目前，在数字孪生的理论研究与应用实践过程中，不同领域、不同需求、不同层次的人群对数字孪生的理解与认识不同。

例如，SightMachine 公司认为数字孪生是物理资产、产品、过程或系统的动态、虚拟表示，主要展示其当前工作状态，而美国航空航天局首席研究员 Glaessgen 却认为，数字孪生除能够展示物理实体当前状态外，还能够进一步预测物理实体的健康状况、剩余寿命、任务成功率等未来状态。

人们对数字孪生的不同理解与认识导致在数字孪生研究过程中交流困难，在数字孪生构建过程中集成困难，在落地应用过程中协作困难。因此，急切需要数字孪生相关术语、系统架构、适用准则等基础共性标准，帮助人们对数字孪生进行理解与认识，推广数字孪生概念。

其次，数字孪生技术虽然是构建数字化未来的重要基础，但是想要数字孪生技术与人们的社会生产深度连接，需要数字孪生系统之间的集成与协作，包括资源、数据、信息模型和接口等。但在当前的实际应用过程中，由于缺乏数字孪生相关模型、数据、连接与集成、服务等标准的参考，往往造成不同数字孪生开发团队研发的产品兼容性差、互操作困难，导致模型间、数据间、模型与数据间的集成难、一致性差等问题，形成新的孤岛。

最后，数字孪生对于不同行业如智能制造、智慧城市、智能建筑、智慧农业、智慧医疗等，落地应用需要标准指导。数字孪生相关行业应用标准的建立，主要包括三个方面："是否适用数字孪生""如何实施数字孪生"以及"如何评价数字孪生"。

对于"是否适用数字孪生"，在实施数字孪生前，企业应结合自身需求及条件考虑是否适用数字孪生，如必须考虑行业适用性、投入产出比等问题，而不能盲目跟风使用。因此，需数字孪生相关适用准则、功能需求、技术要求等标准指导企业进行适用性评估与决策分析。

对于"如何实施数字孪生"，一旦企业决策使用数字孪生，就需要面临如何实施数字孪生。例如，需要具备什么样的软硬件条件、依赖哪些工具与平台的辅助、需要哪些功能等。因此，需根据实施要求、工具、平台等相关标准对数字孪生的落地进行指导。

对于"如何评价数字孪生"，实施数字孪生后，需要评价使用数字孪生带来的综合效益以及数字孪生系统的综合性能（如准确性、安全性、稳定性、可用性、易用性），进而为下一阶段的应用提供迭代优化与决策依据。因此，在这一方面，测评、安全、管理等还需要相关标准，为数字孪生的评估与安全使用提供参考与指导。

三、推动标准化发展

显然,数字孪生标准化的发展不是一个一蹴而就的过程,要随着社会和产业对于数字孪生的认识不断深入,进而不断发展更加完善和全面的数字孪生标准。

想要推动数字孪生标准化的发展,首先,从顶层设计角度来看,需要完善工作机制,以"基础统领、应用牵引"为原则,基于国内外数字孪生技术和应用现状、数字孪生标准化现状,梳理数字孪生产业生态体系脉络,把握技术演进趋势和产业未来重点发展方向,扎实构建满足产业发展需求、先进适用的数字孪生标准体系。

一方面,需要凝聚产学研用各方力量,充分整合领域优质产学研资源,探索建立以企业为主体、产学研相结合的技术创新和标准制定体系,科学谋划、适度超前布局数字孪生标准化工作,营造开放合作的标准化工作氛围,做好数字孪生相关技术体系、产业生态及标准体系顶层设计等基础研究,为标准化工作提供路线图。另一方面,还应与其他技术、应用相关标准化组织建立联络,统筹推动相关标准研制与应用实施工作,确保标准协调统一,形成联合共建的数字孪生标准化生态。

其次,数字孪生的标准化需要有重点的切入,即研制重点标准,只有抓住重点,推动重点标准研制工作,才能不断完善数字孪生标准体系。一方面,这需要以共性支撑为基础,研究基础性术语、架构、成熟度等总体标准,研制数据资源规划、数据模型、数据融合等数据标准。另一方面,则是以关键技术为核心,开展数字孪生软件、硬件产业研究,深入调研供应链现状,打造核心技术标准,研制感知互联、实体映射、多维建模、仿真推演、可视化、虚实交互等技术与平台标准。此外，还应以融合应用为导向，开展典型应用场景的标准研制。

最后，数字孪生标准化的发展离不开优秀案例的示范和指导。应鼓励相关行业协会、重点企业参与数字孪生标准宣传、意见征集和试验验证与应用，形成工作合力。同时，挖掘优秀案例，发挥示范引领作用将建立数字孪生典型案例与标准的良性互动机制，充分发挥先进性、代表性案例的引领与示范作用。

一方面，征集数字孪生优秀案例、优秀解决方案，开展技术、平台、运营模式等研究，提炼标准需求及核心指标，指导标准研制。优先在国家数字经济创新发展试验区，建立数字孪生标准示范基地，提升标准孵化和研制质量，增强标准与技术环境的适应能力，提升重点领域数字孪生标准实施应用成效，探索建立标准研制与科技研发、行业应用高度融合的长效机制并逐渐在全国推广。

另一方面，数字孪生标准的实际应用效果需要制定科学的评判依据。基于此，可以围绕数字孪生架构、成熟度等标准，开展标准试验验证及应用示范，研发标准化技术服务、数据模型构建、软件开源等公共服务平台，促进标准规模化推广应用，以标准化手段助力数据共享、产业联动，提升产业竞争力；建立健全数字孪生标准试验与符合性测试评估体系，明确测试范围和评估标准，形成数字孪生标准符合性测试规范与工具，并搭建数字孪生标准的符合性测试平台，提高测试执行的准确率和效率；加强专业化、专职化的标准符合性测试机构建设，鼓励适应数字孪生技术和产业发展且具有领域影响力和公信力的第三方检测认证服务机构发展。

当前，数字孪生的标准化工作整体处于初级阶段，标准研究内容有待丰富。但随着标准化工作的开展，未来，数字孪生领域基础共性及关键技术标准将不断涌现，依托数字孪生概念框架等标准，通过聚焦核心标准化需求，逐步建立基本的数字孪生标准体系，并孵化典型行业中的数字孪生应用标准，形成国际标准、国家标准、行业标准和团体标准良性互动的局面。

第三节　提升数字孪生通用性

近年来，数字技术在各行各业普遍应用，人类的一切活动，以及工作、学习、娱乐、生活各个领域，可在物理世界的基础之上建立相应的数字世界版本。例如，与经济活动相关的数字经济、数字货币、数字金融等，与三大产业相关的数字农业、数字工业、数字服务业等。

数字孪生技术作为数字技术的集大成者，更是在数字化背景下，在改变人类认识世界和改造世界的方式中发挥关键作用。未来，可以预见，数字孪生将在更多现实场景和行业落地，包括从微观到宏观的虚拟世界，从原子、分子，到材料、零件，到产品、工厂、基础设施，再到城市，最终到整个星球；从无生命的产品到有生命的人体和生物圈；从产品的原理到地球的演化。

一、从虚拟验证到虚拟交互

当前，数字孪生正在由虚拟验证向虚实交互的闭环优化发展。

过去，人类感知到的客观世界是所谓的"体验世界"（E-World）。人们可以将感知到的事物在心目当中产生的印象称为"体验孪生"。由于人类感官的局限性，所能够感知的信息因距离越近、感知越多，因距离越远、感知越少,人们对客观世界的体验是局部的、有限的、模糊的。

为了更精确地认识世界、理解世界、改造世界,人们发明了各种各样的测量器具以便更精准地认识世界。从古代的尺规到今天的传感器,都让我们能够更快、更准确地获取客观世界的各种参数数据,基于这些参数数据构建的世界,也就是"数据世界"(D-World)。

而为了更好地认识数据世界,人类发明了数字技术,通过数字技术分析这些数据,人们得以预测可能产生的失效,并消除风险,或提升工厂的生产效率。不过,由于测量设备与测量精度的有限性,我们采用测量方式建立的数据世界必然是碎片化的、带有测量误差的、有延时的。

这个时候,借助计算机建模技术,在数字世界里建立虚拟的产品、工厂甚至城市,则带领人们走向更加准确的世界。但这个时候,由于人类知识承载的不完备性,人类构造的虚拟世界也是局部的、内容有限的、非精确的客观世界的一部分,虚构活动尽管模拟、复制和反映了自然,但离真实依旧遥远。

当然,即便是在数字世界里建立虚拟的世界,也只是数字孪生发展的初级阶段,即虚拟验证阶段,数字孪生能够在虚拟空间对产品/生产线/物流等进行仿真模拟,以提升真实场景的运行效益。

例如,ABB 推出 PickMaster® Twin 软件,使用户能够在虚拟生产线上对机器人配置进行测试,使拾取操作在虚拟空间进行验证优化;或者在虚拟验证的基础上叠加物联网,实现基于真实数据驱动的实时仿真模拟,如 PTC 和 ANSYS 合作,构建了泵的仿真模型,并将其与真实的泵连接,基于实时数据驱动仿真、优化模拟。

而随着数字孪生的发展,未来的数字孪生必将进入虚实交互的闭环优化阶段,不论是叠加人工智能,将仿真模型和数据模型更好地融合,优化分析决策水平,还是在智能决策的基础上叠加反馈控制功能,实现基于数据自执行的全闭环优化。

数字孪生的未来,是人类可以在虚拟世界中进行体验,获得虚拟孪生体验。我们也可以把数据世界和虚拟世界结合在一起,在虚拟的工厂、设备上加载在真实世界所获得的数据,构成虚拟孪生的世界。虚拟孪生的世界又与真实客观世界普遍联系、相互作用。人们则根据在虚拟世界获得的体验,对客观世界进行调整,以获得更好的真实体验。

例如,杭州汽轮动力集团有限公司通过三维扫描构建几何形状,与平台标准机理模型对比,并叠加人工智能分析,实现叶片的检测试验从 2～3 天降低至 3～5 分钟。再如,在西门子提供的产品体系中,设计仿真软件 NX 具备虚拟验证功能,MindSphere 具备 IoT 连接功能,Omneo 具备数据分析功能,TIA 具备自动化执行功能。未来,西门子有望基于以上产品整合,真正实现数字孪生的虚实交互闭环优化。

二、完善数字孪生生态

数字孪生可以用于生产一个产品的制造过程,包括从创意、计算机辅助设计到物理产品实现,再到进入消费阶段的服务记录持续更新。但其更具有拓展到生产一个产品以外的领域的潜力,如一条生产线,甚至是一个厂房。数字孪生的生态系统还将进一步完善,数字孪生也将融入更多的行业。

以英伟达的 Omniverse 的生态系统为例,英伟达迭代 Omniverse 搭载的专业技术和工具,重点就是打开 Omniverse 和数字孪生的落地场景。

根据英伟达的介绍,从 2021 年至今,Omniverse 的 Connector 组

件所连接的跨行业应用已经从 8 个增长至 80 个，用户通过 Connector 能够将一系列第三方独立的软件工具和数字资产接入 Omniverse 平台，这增强了 Omniverse 平台的通用性，游戏开发、数字孪生、工业自动化、传感器、机器人平台集成等各个领域都能无障碍接入 Omniverse。

在 3D 内容创作领域，Epic 虚幻引擎、C4D 建模软件、Substance 3D 材质扩展程序等多个第三方应用能够在 Connector 的支持下建立实时同步的工作流。

工业应用上，允许 26 种常用的计算机辅助设计格式转化为 Omniverse 支持的 3D 场景描述格式，制造业工程师可以无缝将计算机辅助设计模型导入并实时查看。借由 Connector 对计算机辅助设计的支持，也让 Omniverse 进入建筑设计行业领域，为大型基建项目建立可交互的数字孪生模型，甚至实现毫米精度级别的工程实时 4D 可视化，即在 3D 数字孪生模型的基础上，随时间推移和工程进展而持续变化。

英伟达方面还提到，TwinBru、A23D 等全球最大的数字资产库也通过 Connector 接入 Omniverse 平台，开放数字资产供用户调用、加工，并允许用户接入原有渲染器，以便在这些数字资产迁移至 Omniverse 平台后，依然能够保持原有的渲染器工作习惯。

凭借 Connector，Omniverse 生态系统容纳了更多的新用户，让亚马逊、百事、DB Netze、DNEG、Kroger、Lowe's 这些涵盖网购、食品、铁路等业务的公司的数字孪生落地。其中，亚马逊基于 Omniverse 平台搭建的数字孪生仓库是英伟达提到的代表性案例。亚马逊的物流系统和 50 万个物流机器人接入 Omniverse 平台，可调用 Omniverse 中机器人仿真平台的各项技术工具，构建人工智能仓储、分发以及人工智能训练部署的模型。

此外，Omniverse 平台已经开始探索数字孪生地球，并将其应用在气候预测、新型可再生能源等领域；与西门子的全球风力发电厂合作，通过 Omniverse 的高速人工智能计算来模拟各类天气变化下风力发电场的布局，使发电量提高了 20%。

当前，数字孪生的大规模应用场景虽然还比较有限，涉及的行业也有待继续拓展，仍然面临企业内、行业内数据采集能力参差不齐、底层关键数据无法得到有效感知等问题，但是随着数字孪生生态系统的逐渐完善，数字孪生与各个行业的深度衔接和渗透指日可待。

第四节　难以回避的现实挑战

当前，数字孪生技术已被业界公认为未来战略性、颠覆性的先导性技术，其应用场景广泛，正不断引发管理方式、发展模式的持续创新，包括阿里云、华为、AWS、微软等各头部企业纷纷布局，入场数字孪生。然而，尽管应用前景广阔且已经开始大尺度、跨领域融合发展，但数字孪生作为一项新兴技术理念，尚处于发展初期，仍存在许多短板问题亟待破解。

一、数字孪生的数据之困

在数字经济时代，数据就是石油。早在 2020 年 4 月 9 日，中央《关于构建更加完善的要素市场化配置体制机制的意见》中就明确了数据是继土地、资本、劳动力、技术之后的第五大生产要素，这也令数据要素的战略性地位进一步凸显。其中，数据的品质——数据的完整性、准确性、持续性、真实性和共享性，决定了数据价值实现的最终成果。针对特定领域的数据集，越庞大、越准确、维度越丰富、越协同共享，就越能得出最佳算法并带来竞争优势。

对于数字孪生技术也是如此，生成数字模型是开启数字孪生的第一步，而加入更多的数据集才是关键。因此，可以说，数据就是数字孪生的核心，而保证高质量的数据资源则是实现数字孪生的关键。但目前，对于数字孪生来说，数据存储、数据准确性、数据一致性和数据传输的稳定性均需取得更大的进步。

首先，从数据完整性来看，为了满足数据全面获取的需求，实现基于数字孪生的设备关键参数预测、生产过程优化、维修决策等服务，需要小概率事件数据、多尺度数据、复杂时变数据等的全面支持，目的是提高服务准确性、对极端情况的适应性及决策均衡性。但就物理实况数据而言，受环境、技术及成本限制，难以获得设备故障、极端工况等小概率事件数据和多尺度温度场、应力场、流场数据，以及高温高压等极端环境下的数据。仿真数据则受建模能力、计算能力及实践环境复杂程度的影响，难以准确模拟突发性扰动数据、高维动态数据等复杂时变数据。

其次，从数据准确性来看，目前，来自物理实体、虚拟模型、企业资源计划和生产执行系统等的多种数据源，依然存在数据干扰因素多、不同来源数据相互矛盾、数据整合程度低等问题，这造成数据价值密度偏低。例如，受传感设备故障、环境波动、人为干扰等扰动因素影响，采集的物理实体数据具备一定的不确定性、随机性及模糊性，或导致其偏离物理实际；物理实体数据、虚拟模型数据及服务数据孤立且承载的信息视角单一，造成数据不全面。

此外，数据深度挖掘需求为了提高对物理世界的洞察力，要求对物理实体的运动规则、故障机理、性能变化趋势、演化规律等知识进行提取与归纳，在此基础上形成能够真实刻画物理实体行为属性的数字孪生多维虚拟模型。当前,尽管物联网等技术的发展使数据体量大大提升,但如何实现对海量物理实体数据、虚拟模型数据、服务数据等的深度挖掘,从而实现对知识的提取仍是重要难题之一:一方面,由于无关数据、异常数据、冗余数据等占比较大,数据本身的可挖掘性较弱;另一方面,则在于难以充分提取数据间的隐性关联关系。

再次,从数据持续性来看,数据迭代优化需求数据是构建虚拟模型与服务的核心驱动之一,为了支持数字孪生多维虚拟模型自主进化与服务功能不断增强,则需要实现基于"数据增加—数据融合—信息增加"循环的数据迭代优化。但目前,由于数据融合对技术人员有较强的依赖,缺乏自主性和连续性,导致很难进行持续有效的迭代;而即使迭代优化过程得以持续进行,又由于连续的数据融合可能导致信息损失,可能难以保证信息持续增长。

最后,就是"数据孤岛"的问题。不同单位或企业在设计信息系统架构时,由于没有一套可参照的标准,因此,不同主体的不同选择,使得各类数据依然被封存在不同的系统中,而数据通用普适性低又成为数字孪生落地的主要障碍之一。

以政府为例,根据政府采购网的采购公告,仅2021年半年就有11431条相关采购,包含各省的各类单位,采购金额从几十万元到几百万元不等。例如:中国教育图书进出口有限公司私有云存储扩容采购项目230万元;重庆大学全闪存储及服务器采购项目243万元;中央广播电视总台私有云存储设备全包代维项目150万元;广州中山大学第一附属医院数据中心服务器与存储扩容升级项目601万元;广东工贸职业技术学院存储容量扩容项目30万元;等等。

这带来的后果,先是每个单位都有自己的机房、服务器和管理员,造成管理成本上的浪费;再就是每个单位都使用自己的存储格式、数据库设计、操作软件，不利于数据通用和对外开放，而大量数据的吞吐和运算，又不可避免地增加用电量，侧面带来能耗的浪费。

政府尚且如此，更不用说以商业利益为目标的企业。因为企业在不同发展时段对信息化有着不同需求，在搭建基础设施与软件系统时本就有侧重，再加上有限的预算与部署难度，使得很多企业信息化系统都互不相通。

往往每个事业部都有各自存储、各自定义的数据。各部门数据就像一个个孤岛一样，无法和企业内部的其他数据进行连接互动。存在"数据孤岛"的企业，所有数据被封存在各自的系统中，让完整的业务链上"孤岛林立"，信息的共享、反馈难，数据之间缺乏关联性，数据库彼此无法兼容。

于是，面向不同应用条件时，由于数据获取能力、数据基础设施水平、数据历史积累量不同，导致构建的数字孪生模型难以迁移复用；面向不同应用对象时，由于数据具有不同的类型、结构、接口和通信方式，增大了不同对象数字孪生模型间的数据交换与解析难度；面向不同应用场景时，数据格式、分类、封装等各异，造成不同场景下构建的数字孪生模型难以实现数据集成共享。为了解决"数据孤岛"的问题，须实现数据统一转换与建模，从而保证数据具有通用普适性。

二、数字孪生的算法问题

算法是一种全新的认识和改造世界的方法论，智能时代里，算法就是重要引擎和推动力。随着数字孪生与社会生活生产的联系越发紧密，算法对社会产生的影响也更加深刻，建立在大数据和机器深度学习基础上的算法，具备越来越强的自主学习与决策功能。

根据数据，算法能够对未来（明天、后天）风机的风力发电量进行准确预测；算法能够帮助美国 Uptake 公司对卡特彼勒工程机械运行状态进行预估，实现产品全生命周期的服务；算法能够为新零售企业如盒马鲜生当天新鲜的产品的选择进行决策；算法能够为不同的用户打造千人千面的主页。

作为数字孪生的基底，算法通过既有知识产生出新知识和规则的功能被急速放大，但在人们轻易地享受算法带来的优化决策时，却常常忽略了算法并不必然的客观性和技术的弱点。当前，数字孪生底层算法黑箱的问题越发凸显。

算法存在的前提就是数据信息，而算法的本质则是对数据信息的获取、占有和处理，在此基础上产生新的数据和信息。简言之，算法是对数据信息或获取的所有知识进行改造和再生产。由于算法的"技术逻辑"是结构化了的事实和规则"推理"出确定可重复的新的事实和规则，以至于在很长一段时间里，人们都认为这种脱胎于大数据技术的算法技术本身并无所谓好坏的问题，其在伦理判断层面上是中性的。

然而，随着人工智能的第三次勃兴，产业化和社会化应用创新不断加快，数据量级增长，人们已经逐渐意识到算法所依赖的大数据并非中立。它们从真实社会中抽取，必然带有社会固有的不平等、排斥性和歧视的痕迹。而当这些不客观性导入数字孪生的技术框架时，人们也就不再能够保证数字孪生最后决策的中立与最优了。

从技术的弱点来看，在数字孪生时代，现实世界在数字世界里被重建，随后数据驱动算法作出决策并借助界面层把指令传递到现实世界中。让人焦虑的是，数字空间的运作逻辑——算法却是不透明的。在人工智能深度学习输入的数据和其输出的答案之间，存在着人们无法洞悉的

"隐层"，它被称为"黑箱"。

黑箱便是关于"不透明"的一个比喻：人们把影响自身权利和义务的决策交给了算法，却又无法理解黑箱内的逻辑或决策机制。这里的"黑箱"并不只意味着不能观察，还意味着即使计算机试图向我们解释，我们也无法理解。

事实上，早在1962年，美国的埃鲁尔在其《技术社会》一书中就指出，人们传统上认为的——技术由人所发明就必然能够为人所控制的观点是肤浅的、不切实际的。技术的发展通常会脱离人类的控制，即使是技术人员和科学家，也不能够控制其所发明的技术。

算法的飞速发展和自我进化已初步验证了埃鲁尔的预言，数字孪生更是凸显了"算法黑箱"现象带来的某种技术屏障。弗兰克·帕斯奎尔在《黑箱社会》中将这一隐喻发挥得淋漓尽致，抨击了美国社会正陷入被金融和科技行业的秘密算法所操控的、令人难以理解的状态。

任何技术都很难不受商业偏好的影响，这使得算法黑箱往往与"算法独裁""算法垄断"等负面评价绑定在一起。算法的研发和运行作为商业秘密，受到各个企业的保护，资本可以轻易地将自身的利益诉求植入算法，利用技术的"伪中立性"帮助自身实现特定的诉求，实现平台的发展与扩张，追求利益最大化。

在数字孪生系统的分层体系下，通过算法黑箱将模型和数据封装于交互界面之后是一种常见的工程模式，在简化技术复杂性的同时也导致"规则隔音"现象日益严重。如何在数字孪生的发展中规避这一技术弱势，是数字孪生走向未来的必经之路。

其中，孪生数据安全的保障有赖于法律—技术双重保障型体系的构建和完善，其中，技术是体系支撑，法律是重要基础。

一方面，标准体系的缺失将会严重阻碍数字孪生技术的应用与发展，亟须构建规范的标准体系来指导与参考。这就需要推动相关法律的设立，完善相关技术标准，建立行业数据规范，提高数据处理的安全性，以便顺利完成数据的交换、集成与融合工作。

另一方面，要打破商业资本与技术之间强烈的依附性，避免商业利益成为权力的方向盘。当前，算法治理已是大势所趋，政府要加大对算法技术的把控，建立透明的算法运行机制和协调的智能政务系统，设立算法技术研发和运行的标准，嵌入公共利益的价值观，平衡多元价值。

总之，数字孪生技术作为一种无缝连接信息世界和物理世界并使之融合的实用技术，不仅是未来制造业的关键技术，也在越来越多的领域发挥重要的价值。因此，在社会不断探索数字孪生技术的应用价值的同时，人们也要积极做好数字孪生技术的风险预警工作，让最优决策有安全的保障。

三、数字孪生的安全风险

数字孪生技术是科技的突破，以数字孪生城市为例，其可以提高城市的管理水平，带动经济的发展，但越先进，也越脆弱。从安全角度来看，数字孪生技术在实施应用过程中，由于其高度网络化、数字化和智能化，难免会带来新的安全问题，主要为数据安全、平台安全和网络安全问题。

在数据安全方面，数字孪生的推广，必然导致数据进一步爆发式增长，在数字孪生实施过程中，需要对设备进行全面细致的数据采集，而在数据量指数级增长的同时，数据风险也将进一步凸显。

一方面，数据流转复杂化使得数据泄露风险增大。尽管实施和推进信息系统整合共享等一系列的举措，能使海量数据资源进一步共享和汇聚，但数据在流动、共享和交换过程中，系统和数据安全的责权边界也变得模糊，主体责任划分不清，权限控制不足，发生安全事件将难以追踪溯源。实际上，许多数据都涉及企业的敏感数据，未经授权的读取和篡改都会给企业带来数据安全方面的风险。因此，怎样防止数据在使用、流通过程中不被非法复制、传播和篡改，为数据治理带来了新的挑战。

另一方面，传统数据防护体系侧重于单点防护，而大数据环境下的网络攻击手段及攻击程序大量增多，导致出现了许多传统安全防护体系无法应对的问题，数据安全所面临的风险不断增加。大数据、人工智能等技术的发展催生出新型攻击手段，攻击范围广、命中率高、潜伏周期长，针对大数据环境下的高级可持续攻击通常隐蔽性高、感知困难，使得传统的安全检测、防御技术难以应对，无法有效抵御外界的入侵攻击。

对此，以数据为中心是数据安全工作的核心技术思想。这意味着，将数据的防窃取、防滥用、防误用作为主线，在数据的生命周期内各不同环节所涉及的信息系统、运行环境、业务场景和操作人员等作为围绕数据安全保护的支撑，并且，数据要素的所有权、使用权、监管权，信息保护和数据安全等都需要全新的治理体系。

同时，在数据生命周期的不同阶段，针对数据面临的安全威胁可以采用的安全手段也不一样。在数据采集阶段，可能发生采集数据被攻击者直接窃取，或者个人生物特征数据不必要的存储面临泄露等；在数据存储阶段，可能因存储系统被入侵进而导致数据被窃取，或者存储设备丢失导致数据泄露等；在数据处理阶段，可能因算法不当导致用户个人信息泄露等。面对不同阶段、不同角度的风险，对症下药是技术治理的必要，改进治理技术、治理手段和治理模式，将有效实现复杂治理问题的超大范围协同、精准滴灌、双向触达和超时空预判。

在平台安全方面，一方面，数字孪生平台是业务交互的桥梁和数据汇聚分析的中心，负责孪生数据的管理和设备的调度等任务，连接大量数字孪生控制系统和设备，与生产和企业经营密切相关。其复杂性、开放性和异构性会加剧其面临的安全风险，一旦平台遭入侵或攻击，或将产生重要数据泄露、生产失控等安全问题，造成企业生产停滞，波及范围不仅是单个企业，更可延伸至整个产业生态，影响社会稳定，甚至对国家安全构成威胁。

另一方面，数字孪生平台上承应用生态、下连系统设备，是设计、制造、销售、物流、服务等全生产链各环节实现协同制造的"纽带"，是海量工业数据采集、汇聚、分析和服务的"载体"，是连接设备、软件、产品、工厂、人等全要素的"枢纽"。因此，做好平台安全保障工作，是确保数字孪生应用生态、数字孪生数据、数字孪生系统设备等安全的重要保证。

但就目前来看，数字孪生平台安全管理体系有待提升。数字孪生平台安全的有关管理政策、技术标准研究刚刚起步，如何明晰各方安全责任、如何规范管理平台安全、如何指导平台企业做好安全防护，尚无明确依据，一系列指导文件亟待研究制定。

此外，数字孪生平台安全技术保障能力较弱。从国家层面看，数字孪生平台运行缺乏安全监测手段，海量接入设备认证与管控技术尚未成熟，相关工业互联网应用安全检测技术匮乏。从企业层面看，数字孪生平台多采用传统信息安全防护技术、设备来构建安全防护体系，尚无面向数字孪生平台安全的专用防护设备,整体安全解决方案还不成熟,关键基础安全技术产品受制于人。

在网络安全方面,数字孪生在实施过程中面临多种网络制式,包括蜂窝网络、工业以太网、低功耗网络协议、OPCUA协议、MQTT协议等网络通信协议,各协议安全性不同,增加了网络防护难度。例如,虚拟网络安全风险,由于数字孪生网络等虚拟系统可能存在各种未知安全漏洞,易受外部攻击,导致系统紊乱,从而向真实物理网络下达错误的指令,影响物理网络的正常运行。

数字孪生的网络安全将是一个庞大的系统工程,构建这个系统则需要以深度连接为基础。从技术角度来看,只有在综合的技术运用下,理解网络安全问题及其中的关联,弄清黑客如何入侵系统,攻击的路径是什么,又是哪个环节出现了问题,找出这些关联,或者从因果关系图谱角度进行分析,增加分析端的可解释性,才有可能做到对安全系统的突破。

对抗网络安全的风险还需要拥有智慧的动态防御能力,网络安全的本质是攻防之间的对抗。在传统的攻防模式中,主动权往往掌握在网络攻击一方的手中,安全防御力量只能被动接招。但在未来的安全生态之下,各成员之间通过数据与技术互通、信息共享,实现彼此激发,自动升级安全防御能力甚至一定程度的预判威胁能力。

四、数字孪生的商业局限

技术的发展逃不开一个重要命题,那就是能否为企业创造实际价值。针对促进新一代信息技术与制造业深度融合,数字孪生以实现制造物理世界与信息世界交互与共融的需要应运而生，用以实现制造业全要素、全产业链、全价值链互联互通。

在产品质量方面，通过数字孪生可以提升产品整体质量，预测并快速发现质量缺陷趋势，控制质量漏洞，判断何时会出现质量问题。

在保修成本与服务方面，通过数字孪生能够了解当前设备配置，优化服务效率，判断保修与索赔问题，以降低总体保修成本，并改善用户体验。

在运营成本方面，通过数字孪生可以改善产品设计，有效实施工程变更，提升生产设备性能，减少操作与流程变化。

在记录保存与编序方面，数字孪生能够帮助创建数字档案，记录零部件与原材料编号，从而更有效地管理召回产品与质保申请，并进行强制追踪。

在新产品引进成本与交付周期方面，通过数字孪生将缩短新产品上市时间，降低新产品总体生产成本，有效识别交付周期较长的部件及其对供应链的影响。

对于收入增长机会来说，通过数字孪生能够识别有待升级的产品，提升效率、降低成本、优化产品。

此外，数字孪生还可协助制造业企业构建关键绩效指标。综合而言，数字孪生可用于诸多应用程序，以提升商业价值，并从根本上推动企业开展业务转型，其所产生的价值可运用切实结果予以检测，而这些结果则可追溯至企业关键指标。

数字孪生在工业现实场景中已经具有实现和推广应用的巨大潜力，但目前来看，创建数字孪生体的成本依旧高昂，且产业要素重构融合而形成的商业模式形态并不完善。基于此，在探析数字孪生的商业价值时，企业还须重点考虑战略绩效与市场动态的相关问题，包括持续提升产品绩效、加快设计周期、发掘新的潜在收入来源，以及优化保修成本管理，可根据这些战略问题，开发相应的应用程序，借助数字孪生创造广泛的商业价值。

第十三章 向数字地球进发

第一节 多国数字孪生发展情况

数字化转型是数字经济发展的必由之路。当前,世界正处于百年未有之大变局,数字经济已成为全球经济发展的热点,美国、英国、欧盟等纷纷提出数字经济战略。作为未来数字化的核心使能技术,数字孪生具备打通数字空间与物理世界,将物理数据与孪生模型集成融合,形成综合决策后再反馈给物理世界的功能,数字孪生已经成为数字化的必然结果和必经之路。

数字孪生概念所强调的与现实世界——映射、实时交互的虚拟世界也将日益嵌入社会的生产和生活,帮助实现现实世界的精准管控,降低运行成本,提升管理效率,有力推动着各产业数字化、网络化、智能化发展进程,成为各个国家数字经济发展变革的强大动力。基于此,数字孪生的发展受到了多个国家的重视,主要发达经济体分别从国家层面制定相关政策、成立组织联盟、合作开展研究,加速数字孪生发展。

一、美国:开拓者和推进者

数字孪生的概念就诞生于美国。数字孪生由美国密歇根大学的迈克尔·格里夫斯教授于 2003 年提出,主要用于产品全生命周期管理的学术研究。不过，受当时技术和认知水平局限，这一概念并没有得到重视。

直到 2010 年，美国航空航天局在太空技术路线图中将数字孪生列为重要技术，并首次进行了系统论述。2011 年，美国空军研究实验室为解决复杂服役环境下的飞行器维护及生命预测问题，首次提出开展数字孪生应用研究。此后，美国国防部、美国海军开始加大数字孪生资金投入，美国海军计划投入 210 亿美元支持数字孪生发展。

2012 年，美国航空航天局发布《建模、仿真、信息技术和处理路线图》，数字孪生的概念开始引起广泛重视。2013 年，美国空军发布《全球地平线》顶层科技规划文件，将数字孪生技术视为"改变游戏规则"的颠覆性技术。

同时，美国国防部牵头组建了美国数字制造与设计创新机构，该机构是美国"国家制造创新网络计划"中的 14 个创新机构之一，将数字孪生列为战略投资重点，从 2018 年开始进行工厂数字孪生试点研究，构建了供应链数字孪生模型，积极向机构内成员宣传数字孪生技术的发展前景。2019 年，该机构将"工厂数字孪生"列为第一重点投资方向，旨在通过推广应用数字线索和数字孪生技术，提高离散/流程制造业的生产力，策划实施了 7 个研究项目，涉及产品数字孪生、人工智能与数字孪生融合应用、数控设备数字孪生、数字孪生用于预测性维护等方向。2020 年，该机构在继续完成 2019 年项目研究的基础上，策划了"采用数字孪生与供应链进行虚拟交互"等项目，于 2021 年启动实施。

龙头企业也将数字孪生作为重点布局方向，自 2014 年起，美军组织洛克希德·马丁公司、波音公司等军工巨头结合各自的应用需求，积极推进数字孪生关键技术研发，开展应用研究，并陆续取得成果。可以说，美国是最早开展数字孪生研究与应用的国家。2011—2016 年，美国单年论文发表总数位居世界第一，2016 年以前累计论文发表总数位居世界第一。

与此同时，美国依托其航空航天基础优势，通过三个阶段探索形成了成熟的应用路径。

第一阶段，基于系统级的离线仿真分析进行资产运维决策。早在 1970 年，阿波罗 13 号宇宙飞船在太空发生了氧气罐爆炸，美国就利用系统仿真对此事件进行模拟诊断，及时给出处置方案，使得宇航员安全返回地球。

第二阶段，在第一阶段的仿真基础上，完善了系统仿真的工程规范和路径（在仿真模型构建初期，给定每一个模型标识及属性关系，为后面研发、制造时的模型集成奠定基础），形成了一套复杂的 MBSE（基于模型的系统工程）。例如，采用 MBSE 可建立统一的企业管理系统需求架构模型，并向后延伸到机械、电子设备和软件的设计和分析，极大提升了复杂产品的设计效率。

第三阶段，在第二阶段的基础上，推动数字孪生应用拓展到全生命周期。例如，2021 年 5 月底，特斯拉 SpaceX 发射载人"龙"飞船升空，基于数字孪生实现飞船的研发、生产、运维、报废全生命周期管理，首次实现飞船报废回收，极大降低了下一代飞船的生产成本。

二、德国：从"资产"入手建立数字孪生

工业 4.0 是德国发展数字孪生的重要方向或战略，德国提出工业 4.0 后，一直在论证和寻求能让工业 4.0 落地的使能技术。而数字孪生比其他概念更易落地实施，正契合了德国工业 4.0 的需求。

在 2011 年德国汉诺威工业博览会上，德国工业 4.0 被首次提出，旨在通过应用物联网等新技术提高德国制造业水平。可以说，德国提出并实施工业 4.0 战略，是其应对最新技术发展、全球产业转移，以及自身劳动力结构变化的国家级战略。

2013 年，德国联邦教研部与联邦经济技术部将工业 4.0 项目列为德国政府于 2010 年 7 月公布的《高技术战略 2020》确定的十大未来项目之一，计划投入 2 亿欧元资金，旨在支持工业领域新一代革命性技术的研发与创新，保持德国的国际竞争力，确保德国制造的未来。

由默克尔政府发起并在世界范围内推广的工业 4.0，希望重塑德国在工业领域的全球龙头地位，并解决老龄化等问题。在这一高度下，德国工业 4.0 战略的根本目标是通过构建智能生产网络，推动德国的工业生产制造，进一步由自动化向智能化和网络化方向升级，侧重借助信息产业将原有的先进工业模式智能化和虚拟化，重视智能工厂和智慧生产，并把制定和推广新的行业标准放在发展的首要位置，即德国工业 4.0 的产业集成。

工业 4.0 主要提出单位之一——德国弗劳恩霍夫研究院指出，数字孪生技术是工业 4.0 的关键技术。2020 年 9 月 23 日，德国 VDMA、ZVE、Bitkom 联合 20 家欧洲龙头企业（ABB、西门子、施耐德、SAP 等）联合成立了"工业数字孪生体协会"（Industrial Digital Twin Association，IDTA），力图推进资产管理壳（Asset Administration Shell，AAS），也被德国称为制造业的数字孪生体。

不同于美国数字孪生的从"模型"入手，德国工业 4.0 选择了不同的路——从"资产"入手。这里的资产包括所有为实现工业 4.0 而需要"连接"的内容，例如，机器及其零部件，供应材料，图纸、布线图等交换的文件，合同和订单等。而将这些工业 4.0 组件，进行数字化表达的最有价值的转化方式,就是资产管理壳。

资产管理壳可以将资产集成到工业 4.0 通信中,为资产的所有信息提供受控访问,是标准化并且安全的通信接口;支持在没有通信接口的情况下,使用条形码或二维码来集成"被动"资产;并且在网络中是可寻址的,可以对资产进行明确识别。可以说,资产管理壳是工业 4.0 组件的"互联网表达器"。

实际上,从 2015 年开始,德国一直围绕着资产管理壳做各种模型描述和标准覆盖。例如,在数据互联和信息互通方面,德国在 OPC-UA 网络协议中内嵌信息模型,实现通信数据格式一致性。在模型互操作方面,德国依托戴姆勒 Modolica 标准开展多学科联合仿真,目前已经是仿真模型互操作的全球主流标准。这些相互交织的模型,加上来自企业的实践,正在将德国制造的产品推进到赛博(Cyber)空间中去,建立德国独特的数字孪生体系,覆盖生产、制造系统和业务的全部生命周期。

以发动机为例,在工程阶段,资产管理壳会考虑其各项功能,例如,将发动机的扭矩和轴高等性能放入资产管理壳中;下一步,选择制造商提供的某一特定类型的发动机,有关此类发动机的更多信息将被添加到资产管理壳中;接下来,发动机制造商提供一个组件用以对发动机进行计算和模拟,从而对上一步的选型进行模拟和确认。在调试阶段,发动机会被订购,发动机类型会变为带有序列号的发动机实物,该序列号是这一发动机所特有的数据,资产管理壳从而进一步得到丰富。在运行阶段,测量的温度、振动等运行参数会被记录在资产管理壳中,对发动机进行维护保养的数据也会被记录在资产管理壳中。发动机使用寿命终止后,会更换新的发动机,更换后,新发动机的类型和实物的信息都将被记录在资产管理壳中。供应商、工程合作伙伴、系统集成商、运营商和服务合作伙伴等价值链中的所有合作伙伴都可以交换资产管理壳中的信息。

因此，德国工业4.0平台的资产管理壳，可以用来指代任何参与智能制造流程的事物。如果说物联网的口号是"万物互联"的话，那么在德国工业4.0的世界中，就变成了"万物有壳"。可以说，资产管理壳提供了一个设备运行的视角，它需要考虑机器通信的协议和整个设备的可互操作性，这也是数字孪生的重要体现，毕竟，数字孪生最擅长的，就是考虑不同设计软件的模型和数据。

三、中国：数字孪生正在开花

就我国而言，对数字孪生的研究和关注相对较晚。不过，当前中国各类主体积极参与数字孪生实践，在理论研究、政策制定、产业实践等方面开展积极探索，但整体上的应用深度、广度还需进一步拓展，更多的工业应用场景尚待挖掘。

从数字孪生理论研究来看，中国关于数字孪生思想的研究由来已久，1978年钱学森提出系统工程理论，由此开创国内学术界研究系统工程的先河。2004年，继美国提出数字孪生概念以来，中国科学院自动化研究所的王飞跃研究员发表了《平行系统方法与复杂系统的管理和控制》一文，首次提出了平行系统的概念。平行系统是指由某一个自然的现实系统和对应的一个或多个虚拟、理想的人工系统所组成的共同系统。通过实际系统与人工系统的相互连接，对二者之间的行为进行实时的动态对比与分析，以虚实互动的方式，完成对各自未来的状况的"借鉴"和"预估"，人工引导实际，实际逼近人工，达到有效的解决方案以及学习和培训的目的。而王飞跃研究员的平行系统，其实就可以被理解为物理系统的数字孪生体。

与此同时，走向智能研究院的赵敏与宁振波则在《铸魂——软件定义制造》一书中，对数字孪生作了定义："数字孪生是在'数字化一切可以数字化的事物'的大背景下，通过软件定义，在数字虚体空间所创立的虚拟事物与物理实体空间的现实事物形成了在形态、质地、行为和发展规律上都极为相似的虚实精确映射，让物理孪生体和数字孪生体之间具有了多元化的映射关系，具备了不同的保真度（逼真/抽象等）。"而所谓的"虚体测试，实体创新"，就是对数字孪生的作用机理的最简洁概括。

北京航空航天大学的陶飞团队在《计算机集成制造系统》期刊上发表的《数字孪生五维模型及十大领域应用》一文给出了数字孪生的五维模型：MDT=（PE，VE，Ss，DD，CN）。MDT 是一个通用的参考架构，孪生数据（DD）集成融合了信息数据与物理数据，服务（Ss）对数字孪生应用过程中面向不同领域、不同层次用户、不同业务所需的各类数据、模型、算法、仿真、结果等进行服务化封装，连接（CN）实现物理实体、虚拟实体、服务及数据之间的普适工业互联，虚拟实体（VE）从多维度、多空间尺度和多时间尺度对物理实体进行刻画和描述。五维模型对数字孪生的落地具有重要的指导意义，在工程应用中，可以直接将该模型映射或转换为面向服务的软件体系结构。

在政策制定方面，自 2019 年以来，中国陆续出台相关文件，推动数字孪生技术发展。

2019 年 10 月，国家发展改革委发布《产业结构调整指导目录》，将物联网、数字孪生、城市信息模型等设立为鼓励产业。

2020 年 4 月，住建部 2020 年九大重点任务提出"加快构建部、省、市三级城市信息模型平台建设体系"，出台《城市信息模型（CIM）基础平台技术导则》。

同月，国家发展改革委和中央网信办联合发布的《关于推进"上云用数赋智"行动 培育新经济发展实施方案》中，着重提及数字孪生技术，强调"探索大数据、人工智能、云计算、数字孪生、5G、物联网和区块链等新一代数字技术应用和集成创新"，开展数字孪生创新计划，引导各方参与提出数字孪生解决方案。

2020年6月，时任工业和信息化部副部长王志军强调，要前瞻部署一批数字孪生等新技术应用标准。

2020年9月，国资委发布《关于加快推进国有企业数字化转型工作的通知》，明确数字孪生基础支撑能力。

2021年9月，工业和信息化部、住建部联合发布《物联网新型基础设施建设三年行动计划（2021—2023年）》，指出加快数字孪生技术的研发与应用。

尤其是在数字孪生城市探索方面，十九届五中全会发布的"十四五"规划中，明确提出将物联网感知设施、通信系统等纳入公共基础设施统一规划建设，推进市政公用设施、建筑等物联网应用和智能化改造，探索建设数字孪生城市。在此顶层设计下，数字孪生城市建设成为国家和地方的发展战略，目前处于快速发展期，多部委发布行动方案，加速推动数字孪生城市相关技术、产业、应用的发展。

此外，工业互联网联盟也增设数字孪生特设组，开展数字孪生技术产业研究，推进相关标准制定，加速行业应用推广。并且，随着工业和信息化部"智能制造综合标准化与新模式应用"和"工业互联网创新发展工程"专项，科技部"网络化协同制造与智能工厂"等国家层面的专项实施，数字孪生得到了快速的发展。

在产业实践方面，中国工业4.0研究院特别牵头发起"数字孪生体联盟"（Digital Twin Consortium，DTC），这是全球第一个数字孪生体行业组织，比美国同类组织的建立要早八个月。毫无疑问，数字孪生体联盟主要的服务对象是中国企业和市场，因此，加入联盟的成员单位，90%以上都是中国企业。

我国多类主体均已开展数字孪生探索，如恒力石化、中广核等企业积极构建三维数字化；湃睿科技、摩尔软件等企业利用虚拟现实/增强现实提升数字孪生人机交互效果；华龙迅达等工业自动化企业构建虚实联动的烟草设备数字孪生体。

不过，尽管我国多类主体探索数字孪生的热情高涨，但产业实践大多停留在简单的可视化和数据分析层面，与国外基于复杂机理建模的分析应用相比，还存在一定差距。

四、英法日韩：点状探索

英国、法国、日本、韩国等国家也开展了数字孪生探索，实践各有特色，但尚未形成非常鲜明的综合优势。

其中，英国较早接受数字孪生体概念，但局限在建筑领域，主要推进建筑业的数字孪生体应用。从英国数字孪生体国家战略来看，其渊源来自早期的BIM战略（BIM Strategy，2011年），直到2019年前后才在剑桥大学建立"数字孪生体中心"，通过举办"数字孪生体交流日"活动，吸引产业界企业参与，力图形成一个新技术社区。

在数字建造英国中心（Centre for Digital Building Britain，CDBB）的管理下，数字孪生体中心主要聚集了建筑和智慧城市相关的行业人士。不过，与中国数字孪生体联盟相比，英国的数字孪生体产业过于狭窄，没有考虑到它是一种通用目的技术，在产业实践方面探索较少。

法国依靠龙头企业引领，以达索系统为核心，基于3DExperience平台打造的数字化创新环境，在数字孪生领域进行单点突破。

为了加快创新速度，日本电报电话公司于2019年6月10日提出了"数字孪生体计算计划"——一个利用高精度数字信息反映现实世界的平台，通过该平台，可以同步不同的虚拟世界内容，从而创造新的服务。为了推进"数字孪生体计算计划"，日本电报电话公司专门设立了数字孪生体计算研究中心，负责相关研究工作，为其数字孪生平台建设提供指引。

为了实现"社会5.0"，日本电报电话公司还利用数字孪生体技术，对人进行了数字孪生化，以实现人体、物体的数字孪生体。同时，在推进数字孪生体计算计划的过程中，数字孪生体计算研究中心发布了多份白皮书，阐释了实现"社会5.0"的技术路径和应用生态。

韩国积极开展数字孪生标准制定，提出《面向制造的数字孪生系统框架》等。

第二节　一个完全的数字地球

21世纪是一个技术井喷的时代，从互联网、云计算、大数据到通信技术、人工智能等，一系列的技术都随着其发展和成熟日渐融入人们所生活的社会，并共同雕刻着这个属于技术的时代。数字孪生就是这个时代里一系列创新技术集大成的主要标志之一。可以说，技术的发展是数字孪生出现的前提，技术的集成则是数字孪生爆发的背景。

如今，数字孪生已经走过了几十年的发展历程，从目前已经呈现的发展趋势看，在建模仿真、通信网络、云计算、大数据、人工智能等技术的支持下，可以预见，未来的原子、基因、产品、城市、人体、星球，都可以在数字世界中建立一个数字孪生体，人们得以感受到由此生成的超大尺度、无限扩张、层级丰富、和谐运行的数字系统，呈现在人们面前的将是一个极致高效、极致协同、极致安全、极致智能的数字世界和全新的文明景观。

一、从样机到孪生

现实社会作为人类单一的物质和意识相结合的存在状态，已经繁衍生息了几千年，即使各种幻想及预言不断出现，都依然没有改变历史的格局。随着信息等一系列技术的出现和发展，虚拟世界和现实世界的界限逐渐模糊，虚拟世界和现实世界的融合成为可能。

这表现在数字孪生领域中，就是人们从物理世界走向虚拟世界，再由虚拟世界反馈到物理世界的过程。这个过程，也是一个从物理样机走向数字样机，再从数字样机走向数字孪生体的过程。

其中，在物理样机阶段，物理样机被制作出来，本是用来检查和验证数字空间模型的，包括人机工程、动力特性等。这是作为模型走向产品的最后一道防线，物理样机必须保证自身携带了正确的信息。显然，没有物理样机的模型，直接进行生产将是冲动而危险的。

不过，在实践中，物理样机依然是昂贵的，尤其是当它无法证明其信息是否恰如其分地表达了模型的诉求，那么返工自然是难免的，工期、成本都会急剧上升，这就是很多产品开发失败或者延期的原因。要知道，设计决定了 70% 的成本，这是因为设计不仅需要完成物理产品的功能表达，还要在一开始就设计出好的逻辑，让信息在整个前后流程中保持一致,贯穿产品的全生命周期,而大量失败的物理样机,则证明了信息的一贯性并不容易保持,产品不得不重回原点,而大量的资源早已经被消耗。

为了避免物理样机做无谓的冒险,数字样机应运而生。按照我国国家标准《机械产品数字样机通用要求》的规定,数字样机是对机械产品整机或具有独立功能的子系统的数字化描述。这种描述不仅反映了产品对象的几何属性,还至少在某一领域反映了产品对象的功能和性能。数字样机的存在,大大减少了物理样机的失败性。由于信息传递的一致性,制造的难度被大幅度降低。数字样机是一种信息代替物理的彩排,也是工业软件的一次大胜,它大大推动了用户端的普及。

正如密歇根大学迈克尔·格里夫斯教授在《智能制造之虚拟完美模型:驱动创新与精益产品》一书中所提到的:"信息是被浪费的物理资源的替代品。"实际上,过去许多工厂里的成本浪费,其实都是从信息被忽视开始的。如果要真正关注机器效率的提升,关注物料消耗的合理性,那么仅仅采用高档机器或者自动化仓储系统是远远不够的。这些机器、零部件之间的信息是如何传递和识别的,才是提高效率的关键。

因此,虽然随着三维 CAD 软件的不断发展,数字样机一直在拓宽外延,以表达更加丰富的产品信息,但是,其仍然侧重于产品全生命周期中的设计阶段,而制造过程和服务过程的定义表达与应用管理问题日益突出。与此同时,数字孪生技术被认为能对物理产品进行数字化描述,并有效管控产品全生命周期的数据信息,因而逐渐引起国内外学者的关注。

凭借与物理实体的交互性、相似性,许多场合还具有实时性,数字孪生改变了人们对一个产品工况的期待。过去,一辆汽车、一台机器,无论如何进行个性化定制,当它离开工厂之后,就会呈现一种平均数的特点——产品的平均能耗、常规应用场景都被锁定于一个区间范围。机器设计参数则会被提前设定为平均工况。原因很简单,信息流在产品交付的一刹那,就被切断了回路,制造商无法知道机器运行的实时情况。

而现在,数字孪生让个性化定制进一步走向了应用的定制化。一家航空公司同时定制的 5 架同一批次、同一型号的飞机,其数字孪生体是各不相同的。尾号为 N123 的空客 A321,一旦投入运营,其就有独一无二的数字孪生体 N123,即使它们出厂交付的时候所携带的信息完全一样,这使得一架飞机的运维,开始走向不同的场景。

也就是说,由于有了数字孪生,机器的工况被即时记录,被压缩了的平均工况,开始复原成一种瞬时参数。到了这一步,数字孪生也就产生了真正的个性化意义。更何况,数字孪生本来就是为了实时优化物理产品的性能而诞生的。

二、从原子到星球

目前来看,数字孪生有两个发展维度,一个是原子的维度,从原子、部件、产品、建筑、城市到地球;另一个则是基因的维度,从基因、细胞、器官、人体到生物生命。数字孪生,让人类文明的所有知识有了数字化的表达方式。

从原子维度来看,诺贝尔化学奖的获得者马丁·卡普拉斯说,人间的一切繁华只不过是原子的翩翩起舞。我们用数字化的方法,可以实现在原子的基础上设计出一个新材料,也就是材料化学的数字化,而人类工业发展史的本质就是从材料走向实物制造的历史。

过去的爱迪生试错法根据设计蓝图和生产工艺造出实物产品,反复实验、测试,来满足产品的功能和性能的要求。

然而,计算机和软件的出现改变了这一切。1980 年,"达索系统三维交互设计软件 CATIA 之父"弗朗西斯·伯纳德开创了曲面实体设计,通过操作光笔在计算机屏幕上运用三维曲面和简单的实体表现形式,这远超过去的表达形式,奠定了世界工业设计从二维到三维建模的转变。

随后,达索飞机制造公司使用简单的三维建模技术生产了飞机零部件组件。1986—1990 年,波音公司使用三维建模技术进行飞机装配验证,并形成大量初步规范来指导三维设计的使用。随着计算机性能的提高、集成电路的小型化、计算速度的提高、UNIX 工作站出现,三维设计成本大幅降低。

数字化设计技术从早期的二维设计发展到三维建模,从三维线框造型进化到三维实体造型、特征造型,产生了直接建模、同步建模、混合建模等技术,以及面向建筑与施工行业的 BIM 技术。中国铁设就在达索系统的三维体验平台上,建立整条高铁的数字孪生体,包含了各个专业的知识,涉及桥梁、隧道、站场、铁轨、路基等。

达索系统还用它的 3D ExperienceCity,为新加坡城市建立一个完整的"数字孪生新加坡"。这样的城市可以利用数字影像更好地解决城市能耗、交通等问题:商店可以根据实际人流的情况,调整开业时间;红绿灯时长都不再是固定的;突发事件的人流疏散,都有紧急的实时预算模型,甚至可以把企业之间的采购、分销关系都加入进去,形成"虚拟社交企业"。

数字孪生技术终于从原子、器件应用扩展到系统、城市,甚至未来整个地球和宇宙都可以在虚拟赛博空间建立数字孪生世界。人类认识世界的方法也从传统的理论推理、实验验证,发展到模拟择优和大数据分析。基于数字孪生在虚拟世界里还原、仿真模拟各种选择,从而不断优化物理世界。

可以说，数字化新技术已经走向了解构旧世界、建立新世界的数字孪生世界之路。不过，建设一个数字孪生的世界，最终还是要回到如何高效率、高质量地服务人、城市、企业和客户，这也是数字孪生的终极价值。

三、从基因到生命

尽管数字孪生系统起源于智能制造领域，但随着人工智能与传感器技术的发展，在更复杂、更多样的社区管理领域，同样可以发挥巨大作用。从基因和生命的维度来看，2020年初，达索系统公司提出了数字化革命，从原来物质世界中没有生命的"thing"扩展到有生命的"life"。数字孪生在生命科学研究中的具体应用可以分为两类：生物应用与实验应用。

从生物应用来看，数字孪生的应用尚处于起步阶段。不过，随着数字化的中心效应越发明显，众多企业投身于这个极具前景的创新概念。达索系统公司在这方面进行了积极探索，其在推动制造、城市数字化的同时，全面布局生物、医学领域的数字化。

显然，与构建物的数字孪生相比，基因、细胞、器官、人体的数字孪生更加复杂。从造物角度来讲，人体比机械要复杂太多。一辆汽车的零部件有3万个左右，波音777的零部件有600万个，航空母舰的零部件是10亿个量级的，而人体是由37万亿个细胞组成的，每一个细胞在生命周期中要制造4200万个蛋白质分子。

可以说，人类社会中的所有机器加起来的复杂度还没有人的一节手指的复杂度高。而基因、细胞、器官的数字孪生建设的基础，是基于人体相关的多学科、多专业知识的系统化研究，并将这些原理、知识注入数字孪生体。

从实验应用来看，虽然为细胞乃至人体构建完整的生物学模型还有很长的路要走，但是实验应用层面的数字孪生已经在彻底重塑临床研究的基本面貌。

过去，临床医生只能利用有限的简陋工具完成工作，所以研究项目严重受到成本与资源的制约。也正因为如此，全球众多新药发现项目往往中道崩殂。根据统计来看，约90%的药物发现最终失败，再结合2020年全球制药行业投入的近2000亿美元的研发成本，其中的浪费无疑相当可观。毕竟，物理实验的成本非常高，如果能够减少实际实验的数量，同时让实验更有针对性、更高效、更可能成功，就一定能让新药发现迈上新的台阶。

数字孪生对于研发工作的积极意义也正在于此：以往，生命科学研究人员可能需要数月甚至数年时间才能完成对数据的分类与分析，但计算技术的进步，让数字孪生能够同时建模多种场景并展开测试。此外，自动化测试还将帮助临床医生快速重建并重现实验场景，同时为不同地点、不同团队提供统一且高度受控的研究环境——数字孪生将帮助改进药物研发，提高药物的效用。

虽然数据驱动型研究与医疗具有广泛的理论前景，但是其本质上仍是一场成本不菲的冒险。要想成功为复杂的生物实体创建数字模拟副本，其难度将不亚于当初的人类基因组计划。单从原理上讲，数字孪生已经做好了充分准备。但显然，现实永远比想象复杂得多。因此，在数字孪生世界全面到来之前，人类先要正确理解、正确应用数字孪生。

数字孪生带来了工具革命、决策革命、组织革命，为人类社会改造自然创造了新的方法论，从一百多年前爱迪生的实验验证，演进到今天的模拟择优，这仅仅是一个开始，而任何方法论的实现，都离不开与之相适配的世界观。